MW01703321

VOUS ET VOTRE WESTIE

Couverture
- Conception graphique: Nancy Desrosiers
- Illustration: Anik Lafrenière
- Photos: Maryse Raymond

Maquette intérieure
- Photos: Maryse Raymond

Conseiller canin
Centre de coordination canin, équin et félin
Danièle Leduc

Les chiens appartiennent à Pierre et Françoise La Belle.

DISTRIBUTEURS EXCLUSIFS:

- Pour le Canada et les États-Unis:
  LES MESSAGERIES ADP*
  955, rue Amherst, Montréal H2L 3K4
  Tél.: (514) 523-1182
  Télécopieur: (514) 521-4434
  * Filiale de Sogides Ltée

- Pour la Belgique et le Luxembourg:
  PRESSES DE BELGIQUE
  96, rue Gray, 1040 Bruxelles
  Tél.: (32-2) 640-5881
  Télécopieur: (32-2) 647-0237

- Pour la Suisse:
  TRANSAT S.A.
  Route du Grand-Lancy, 2, C.P. 125, 1211 Genève 26
  Tél.: (41-22) 42-77-40
  Télécopieur: (41-22) 43-46-46

- Pour la France et les autres pays:
  INTER FORUM
  13, rue de la Glacière, 75624 Paris Cédex 13
  Tél.: (33.1) 43.37.11.80
  Télécopieur: (33.1) 43.31.88.15
  Télex: 250055 Forum Paris

VOUS ET VOTRE WESTIE

Léon Éthier

Collection ‹‹Nos animaux››
dirigée par Odette Eylat

LES EDITIONS DE L'HOMME

© 1991, Les Éditions de l'Homme,
une division du groupe Sogides

Tous droits réservés

Dépôt légal: 1er trimestre 1991
Bibliothèque nationale du Québec

ISBN 2-7619-0935-6

Au professeur A. Sacrez,
avec toute ma reconnaissance, de tout cœur.

La carte d'identité

Le Westie est un chien sociable, affectueux et intelligent.

Ses origines

Connaissez-vous plusieurs chiens ayant autant de surnoms que le West Highland White Terrier, qu'on appelle Westie, White (blanc, en français), ou même Highlander en Amérique du Nord?

Ce petit chien à la tête toute ronde où l'on voit pétiller ses yeux pleins de malice s'est fait connaître grâce à la publicité qui l'a choisi pour promouvoir des aliments, des biens de consommation de toutes sortes et même des voitures! On l'a même associé avec le Terrier écossais sur la fameuse bouteille de whisky Black & White. Croyez-en un buveur de scotch chevronné, c'est souvent à cause du Westie qui est sur l'étiquette que l'acheteur opte pour cette marque...

En ce qui concerne son ascendance, personne ne peut contester ses origines écossaises. Lorsqu'ils ont envahi les îles britanniques, les Romains ont découvert les «agasses» que Pline l'Ancien avait si bien décrits. Il est vrai que par la suite la trace de ce chien s'est perdue dans les brumes écossaises et pendant fort longtemps on n'a plus entendu parler de lui. Comme les Terriers d'Écosse étaient très nombreux et se ressemblaient tous plus ou moins, les dénominations successives qui ont été données aux chiens que l'on croyait alors être de la même race ont fait perdre le fil des origines.

Le chien dénommé White Scottish Terrier n'était pas un Scottish à robe blanche mais plutôt un Westie, appelé également White Skye Terrier. Il n'a aucun lien de sang avec le terrier à poil long de l'île de Skye, tout comme le Cairn qu'on a surnommé pendant une certaine période Skye Terrier à poil court.

Le tout premier conseil que nous pouvons vous donner est de ne jamais vous laisser influencer par ceux qui vous diront que votre Westie n'est qu'une des variétés du Scottish Terrier ou un quelconque résidu du Cairn Terrier; ils sont probablement jaloux de voir que vous avez fait le choix merveilleux et intelligent d'adopter un Westie... Laissez passer et répondez-leur avec un rire de dérision qui leur fera comprendre que vous êtes attristé d'avoir à entendre pareilles sottises...

Dans son livre *History of british quadrupeds* (1837), Thomas Bell divise les Terriers en deux types: l'un à poil lisse, qui est souvent noir et feu et qui semble être l'ancêtre du Fox-Terrier et du Manchester Terrier; l'autre à poil rêche, qui a plusieurs couleurs, des membres courts et solides, et qui est probablement à l'origine de tous les Terriers écossais. Par une grâce du ciel, le peintre animalier Edwin Landseer a dessiné deux véritables Westies sur une toile faite en 1839 intitulée *Dignity and Impudence.* Cela nous laisse croire qu'il existait déjà plusieurs variétés de Terriers écossais en ces années-là.

Néanmoins, l'arbre généalogique du Westie ne commence pas au début du XIXe siècle. On sait que vers l'an 1600 le roi Jacques 1er d'Angleterre fit chercher des Argyllshires de couleur blanche de grande valeur pour les offrir au roi de France. Il recommanda de les répartir sur plusieurs navires afin d'être certain qu'au moins une partie arrive à bon port.

Le comté d'Argyll est situé au sud-ouest des monts Grampians et l'on y retrouve curieusement la même couleur blanche des terriers sur plusieurs espèces sauvages, comme les renards, les lièvres et les coqs de bruyère. Cette robe ne se retrouve chez ces animaux que dans cette région et est inconnue dans les régions voisines.

Il est probable, selon un grand spécialiste des Westies, le colonel E.D. Malcom de Poltalloch, que le blanc, qui est la caractéristique majeure de cette race, était plutôt d'une teinte sable clair à l'origine. Thomas Bell, dont nous avons déjà parlé, confirme cette remarque en 1837 en qualifiant cette couleur de «blanc sale».

En fait, le Westie n'est pas parmi nous à cause de son prestige ou de l'ancienneté de sa race; il ne l'est certainement pas non plus pour ses qualités de travail, mais plutôt à cause d'un simple accident de chasse.

M. de Poltalloch tua par erreur un de ses terriers préférés: il ne l'avait pas reconnu dans les broussailles parce que sa robe était rousse. Il en fut très affecté et afin que cela ne se reproduise plus, il décida de n'élever dorénavant que des terriers blancs, plus faciles à repérer et très nombreux dans le comté d'Argyll. Vers les années 1870-1880, il réussit à produire une variété distincte de terriers qui avaient tous une robe claire — du blanc pur au blanc crème, tirant même sur le jaune clair. Encore maintenant, on remarque parfois qu'un des chiots d'une portée n'est pas entièrement blanc mais *linty white.*

Les chiens de ce chasseur passionné étaient avant tout des chiens de travail et les légères nuances dans la couleur de la robe lui importaient peu; tout ce qu'il voulait était de pouvoir les distinguer facilement du gibier grâce à leur couleur claire.

Malcom de Poltalloch était un cynophile en plus d'être un chasseur passionné. Il présenta ses terriers dans des expositions, et devint juge par la suite. À cette époque, les standards n'étaient pas les mêmes qu'aujourd'hui et les premiers Westies n'étaient pas présentés dans des classes séparées. Bref, il régnait dans ces expositions une confusion de bon aloi. C'est alors qu'on commença à donner différents noms à ces chiens: Highlander Terrier, Poltalloch Terrier, Pittenween Terrier, Roseneath Terrier, White Scottish Terrier et même Skye White Terrier!

En 1899, ce petit chien fut présenté sous l'appellation de Roseneath Terrier et ce ne fut qu'en 1904, à l'exposition d'Édimbourg, que le nom de West Highland White Terrier fut définitivement adopté.

En 1906, on fonda un club qui détermina un standard. En 1907, la race fut officiellement reconnue par le Kennel Club d'Angleterre.

Mais ce ne fut que bien des années plus tard qu'on donna au Westie sa forme si caractéristique: le 18 novembre 1924, le Kennel Club d'Angleterre décida d'interdire les accouplements entre Cairn et West Highland, qui étaient tolérés jusqu'alors. En 1928, le standard a été retouché, tout particulièrement en ce qui concerne la taille. Pendant l'entre-deux-guerres (1918-1939), on commença à insister sur l'importance du toilettage des Terriers. Seul le Cairn Terrier garda son aspect naturel et rustique.

En Amérique du Nord, le Westie ne devint populaire qu'en 1909, date à laquelle fut fondé aux États-Unis un club national de la race. Un organisme de même genre fut fondé au Canada en 1911.

Avant que vous n'adoptiez un Westie, il serait bon que vous consultiez un conseiller canin qui vous guidera dans votre choix. Il tiendra compte de votre mode de vie et de ce que vous attendez d'un chien, vous aidant à évaluer sagement, sans précipitation ni préjugés, les enjeux de votre décision. La personnalité du Westie risque-t-elle de se heurter à la vôtre? Aurez-vous suffisamment de patience et de temps pour vous occuper de lui? Disposez-vous de l'espace nécessaire à ce chien curieux toujours en éveil? Grâce au conseiller canin, vous serez certain d'avoir fait le choix le plus judicieux, et les surprises désagréables vous seront épargnées.

* * *

Nous vous proposons plus loin une série de tests, en particulier le célèbre test de Campbell, que vous pourrez faire passer à votre Westie vers l'âge de sept semaines, afin de mieux cerner ses tendances fondamentales. Vous pouvez également demander à votre conseiller canin, qui vous accompagnera lors de l'achat du chien, qu'il fasse lui-même passer ces tests.

Ce ne sera pas de l'argent dépensé en vain car vous serez certain d'avoir acheté un chien qui n'a pas de problèmes majeurs. Votre Westie est un chien robuste et son entretien exige une attention quotidienne. Si vous désirez le présenter dans une exposition, un toilettage spécial sera nécessaire. Consultez le chapitre consacré à l'hygiène pour connaître tous les détails.

Grâce au dressage, vous pourrez faire de votre Westie un excellent gardien, et ce malgré sa petite taille. Il n'attaquera évidemment pas les étrangers, mais il saura vous informer de leur présence afin que vous puissiez intervenir. Votre Westie est fiable, vous pouvez compter sur lui. Même s'il est devenu un excellent chien de compagnie, rien ne vous empêche de lui enseigner la chasse au lapin par exemple. Il est très doué pour ce sport!

Les traits de caractère du Westie

Ses qualités

Vous désiriez avoir près de vous un excellent chien de compagnie; vous le vouliez petit, beau, actif et pouvant vivre sans difficulté en appartement, c'est-à-dire dans un milieu urbain.

Pourquoi chercher plus loin puisque le Westie saura combler toutes vos attentes. Il est sociable, affectueux et intelligent, et il peut s'adapter à n'importe quel milieu, à condition bien sûr que vous le sortiez régulièrement. Il vous en sera gré et vous poussera même à faire des promenades très vigoureuses qui vous feront du bien à tous deux. Vous ferez avec lui des concours d'endurance et cette magnifique petite boule blanche vous en fera voir de toutes les couleurs! Sa robustesse peut se comparer à celle de chiens beaucoup plus grands et plus forts. Une autre de ses qualités est sa voix claire qui peut vous avertir de la présence d'un rôdeur, ce qui peut s'avérer très utile.

Le Westie est un des rares Terriers qui ne soit pas étourdi et tête en l'air: c'est un petit chien qui veut être pris au sérieux! Il sèmera la joie de vivre dans votre foyer malgré sa petite taille d'environ 28 cm et son poids d'environ 6 kilos.

Votre Westie aimera votre famille et voudra participer à toutes vos activités. Quand vous emmenerez vos proches faire une balade en voiture, il saura se faire encore plus petit qu'il ne l'est afin d'être sûr que vous ne le laisserez pas à la maison. Vous ne l'entendrez pas et si vous ne le cherchez pas, vous ne le verrez même pas; il connaît sa place et il ne vous gênera jamais pendant que vous conduisez la voiture.

Ses défauts

Quels défauts pouvons-nous trouver à ce petit chien tout blanc, à l'air fripon, au regard pétillant et plein de franchise, à ce compagnon toujours gai et plein d'allant?

Il faut fouiller très loin pour déceler quelque faute à ce Terrier... Disons qu'il est plutôt indépendant, probablement à cause de son origine écossaise. Votre Westie ne sera peut-être pas un chien des plus faciles à vivre. Vous devrez donc avoir la main ferme de temps en temps. Ne croyez surtout pas que vous le traumatiserez si vous élevez la voix; le Westie n'est pas un hypersensible qui tremble devant son maître. Il acceptera même une petite correction si elle est juste.

Attention, rappelez-vous que son humour n'est pas des plus développés; il est inutile de lui jouer des tours ou de se moquer de lui, ce qu'il n'apprécierait pas. Le Westie n'acceptera jamais d'être votre «sujet». Il sera un compagnon obéissant, mais il vous rappellera au besoin qu'il tient beaucoup à sa dignité!

Lors du dressage, ne prenez pas en considération sa petite taille: il est petit en centimètres, mais il se croit grand dans sa tête. Vous pouvez exiger beaucoup de lui sans craindre d'avoir la main ferme quand il le faut. Vous devrez parfois le punir à cause de son esprit d'indépendance qui l'empêchera à l'occasion de bien faire l'exercice que vous lui demandez d'exécuter...

Punissez-le toujours avec équité et justice; donnez-lui, s'il le faut, une tape afin de lui rappeler que c'est vous le maître et que l'indépendance a ses limites. Grondez-le mais sans jamais le ridiculiser; il vous en voudrait à mort et vous auriez beaucoup à faire pour rentrer dans ses bonnes grâces. Montrez-lui qu'il vous fait plaisir quand il fait bien les exercices de dressage.

Votre Westie doit être brossé tous les jours et son toilettage consiste en une épilation spéciale dont nous donnons le détail au chapitre consacré à l'hygiène.

Votre Westie est, malgré sa petite taille, un chien dominateur et, comme tous les autres chiens dominateurs, il tentera de s'imposer à vous à l'âge d'un an ou un an et demi. Ne le laissez pas faire. Soyez ferme afin qu'il ne prenne pas le dessus en devenant le maître de la maison. Notre avertissement est des plus sérieux: ce chien à l'intelligence vive voudra profiter de la moindre faiblesse de votre part pour augmenter sa part de gâteau ou même s'attribuer le gâteau tout entier. Vous devrez faire preuve de diplomatie, mais le Westie vous en aimera que davantage en constatant que vous avez l'œil sur lui et que vous le dirigez de main de maître...

Quand vous aurez pris la décision d'adopter un Westie, veillez à plusieurs choses: remarquez d'abord le chiot qui viendra le premier vers vous; si vous êtes également attiré par lui, il y a de fortes chances que ce soit le lien idéal. Consultez quand même votre conseiller canin: il pourrait remarquer certains éléments négatifs que vous auriez négligés.

Vérifiez soigneusement les oreilles et les yeux: ils ne doivent pas présenter d'écoulement suspect. Les muscles doivent être solides et le pelage, impeccable. Soulevez les poils pour vous assurer que la peau est totalement dépourvue de parasites et de squames.

Faites sans faute examiner par un vétérinaire le chiot que vous désirez acquérir afin d'être certain qu'il n'est pas malade. Si le vendeur refuse de vous le confier pour la durée de cet examen, n'achetez pas le chiot.

Votre Westie doit être *parfait;* examinez-le en vous référant aux standards qui suivent.

Les standards du Westie

Nom officiel: West Highland White Terrier
(Terrier blanc des Highlands de l'Ouest)
Nom officiel au Canada: Terrier blanc du West Highland

Ces standards ont été élaborés par la Fédération cynologique internationale (F.C.I.). Nous y avons ajouté les différences substantielles éventuelles observées dans les standards du Cercle canadien du chenil (C.C.C.).

Aspect général

Chien solide. La poitrine est bien descendue, ainsi que les dernières côtes. Le dos est droit. L'arrière-main est puissant sur des membres postérieurs musclés, faisant preuve, manifestement, de force et d'activité magnifiquement combinées.

Canada: Poil d'environ 5 cm de longueur, blanc, dur, avec sous-poil doux abondant.

Caractéristiques

Petit, actif, plein d'allant, rustique, pourvu d'une bonne dose d'amour-propre, avec un air fripon.

Canada: Alerte, gai, courageux, sûr de lui et gentil. Défauts: excès de timidité ou de pugnacité.

Tête et crâne

Crâne légèrement bombé. Pris par le travers du front, il doit présenter un contour sans heurt. Le crâne, du niveau des oreilles jusqu'aux yeux, ne présente qu'un très léger amincissement. La distance de l'occiput aux yeux est légèrement supérieure à celle du chanfrein. La tête ne doit pas être portée en extension. Le chanfrein va en s'amenuisant graduellement de l'œil jusqu'au nez. Le stop doit être marqué; il est formé par les lourdes arcades sourcilières qui sont immédiatement au-dessus des yeux et légèrement en surplomb et une légère dépression entre les yeux. Le chanfrein n'est pas concave; il ne tombe pas brusquement sous les yeux, où il a de la substance. Les mâchoires sont fortes et d'égale longueur. La truffe est noire, assez grande, et offre un profil sans heurt avec le reste du museau. La truffe ne doit pas former saillie en avant.

Canada: Crâne assez large, proportionné à la puissante mâchoire, et pas trop long. Défauts: crâne trop long ou trop étroit.

Yeux

Bien écartés, de grandeur moyenne, pas ronds, aussi foncés que possible. Ils sont légèrement enfoncés dans la tête, vifs et intelligents, ce qui, sous les lourds sourcils, donne un regard perçant; l'œil clair est un très grave défaut.

Canada: Du dessous des sourcils, le regard est menaçant. Défauts: yeux trop petits, trop grands ou pâles.

Oreilles

Petites, droites et portées fermement. Elles se terminent en une pointe aiguë. Elles ne sont ni trop écartées, ni trop rapprochées à l'attache. Le poil des oreilles est court et lisse (velouté) et ne doit pas être coupé. Les oreilles ne doivent avoir aucune frange au sommet. Les oreilles rondes à l'extrémité, larges, grandes ou épaisses ainsi que celles couvertes d'un poil trop abondant constituent de graves défauts.

Canada: Défauts: oreilles de mulet, aux extrémités arrondies, larges et grandes, trop rapprochées ou pas suffisamment dressées.

Mâchoires

Aussi larges entre les canines que cela est compatible avec l'expression friponne recherchée. Les dents sont grandes pour la taille du chien et présentent un articulé régulier en ciseaux, c'est-à-dire que les incisives supérieures recouvrent les inférieures dans un contact étroit et sont implantées à l'aplomb des mâchoires.

Canada: Le fort prognathisme inférieur et l'absence de dents ou la présence de mauvaises dents constituent de sérieux défauts.

Cou

Suffisamment long pour permettre le port correct de la tête tel qu'il est demandé; il est musclé et s'épaissit graduellement vers sa base de façon à se fondre dans des épaules bien obliques.

Avant-main

Les épaules sont inclinées vers l'arrière. Les omoplates sont larges et bien serrées contre la paroi thoracique. L'articulation formée par l'omoplate et l'humérus doit être placée en avant et les coudes bien rentrés pour permettre le mouvement bien dégagé des membres antérieurs, parallèlement à l'axe du corps. Les membres antérieurs sont courts et musclés, droits et couverts d'un poil court, dur et dense.

Corps

Compact. Le dos est droit, le rein large et fort. La poitrine est bien descendue, les côtes bien cintrées dans leur moitié supérieure, présentant un aspect un tantinet plat. Les côtes postérieures ont une hauteur considérable et la distance de la dernière côte à la hanche est aussi courte que le permet le libre mouvement du corps.

Canada: Rein large et fort, arrière-train fort, musclé, large au sommet.
Défauts: poitrine peu profonde, dos faible ou long; côtes en forme de tonneau: croupe surélevée.

Arrière-main

Fort, musclé et large vu de dessus. Les membres sont courts, musclés et nerveux. Les cuisses sont très musclées et pas trop écartées. Les jarrets sont coudés et bien disposés sous le corps de façon à être assez près l'un de l'autre, que le chien soit en station ou en action. Les jarrets droits ou affaissés sont de graves défauts.

Canada: Défauts: faible ossature, jarrets de vache ou faibles, absence d'angulation.

Pieds

Les pieds antérieurs sont plus grands que les postérieurs; ils sont ronds, proportionnés dans leur taille, forts, pourvus de coussinets épais et couverts d'un poil court et dur. Les pieds postérieurs sont plus petits et pourvus de coussinets épais. La surface inférieure des coussinets et tous les ongles sont noirs de préférence.

Queue

Longue de 12,5 à 15 cm, couverte d'un poil dur, sans frange, aussi droite que possible, portée fièrement mais ni gaie ni recourbée sur le dos. La queue longue est un défaut et elle ne doit, en aucun cas, être écourtée.

Canada: La queue doit être plantée assez haute pour que l'épine dorsale ne soit pas inclinée pour l'atteindre.

Allures et mouvement

Le mouvement est dégagé, droit devant et facile de toute part. Les antérieurs se portent en avant sans contrainte à partir de l'épaule. À l'arrière, le mouvement est franc, puissant et ramassé. Grassets et jarrets sont bien fléchis et les jarrets s'engagent sous le corps pour donner l'impulsion. Une démarche raide ou guindée à l'arrière, de même que les jarrets de vache sont de graves défauts.

Canada: Défaut: absence de bonne foulée à l'avant et/ou de bonne impulsion à l'arrière.

Poil

Poil double. Le poil de couverture consiste en un poil dur d'environ 5 cm de longueur, sans aucune boucle. Le sous-poil, qui ressemble à de la fourrure, est court, doux et serré. Le poil ouvert est un défaut grave.

Canada: Défaut: poil soyeux ou ayant tendance à boucler ou poil simple ou dégagé.

Couleur

Blanc.

Taille

Hauteur au garrot d'environ 28 cm.

Canada: La femelle a 3 cm de moins.

Défauts

Tout écart par rapport à ce qui précède doit être considéré comme un défaut qui sera pénalisé en fonction de sa gravité.

Note: Les mâles doivent avoir deux testitules d'apparence normale complètement descendus dans le scrotum.

La classification internationale

La Fédération cynologique internationale (14, rue Léopold-II, 6530 Thuin, Belgique), regroupant les sociétés nationales de la plupart des pays européens, vient d'établir une toute nouvelle classification des races de chiens afin de faciliter l'organisation des expositions et des concours. Cette nouvelle classification répond mieux que la précédente aux besoins de la cynologie moderne car elle intègre les changements des dernières décennies. En effet, certaines races de chien qui étaient tombées dans l'oubli ont reçu à nouveau les faveurs du public, et les éleveurs ont pris en charge la reproduction de ces races afin de contenter une clientèle élargie et de plus en plus exigeante.

Cette classification comprend 10 groupes. Voici la liste:

1er groupe: chiens de berger et de bouvier (sauf les chiens de bouvier suisses)

2e groupe: chiens de type Pinscher et Schnauzer, molossoïdes et chiens de bouvier suisses

3e groupe: terriers
4e groupe: teckels
5e groupe: chiens de type Spitz et de type primitif
6e groupe: chiens courants et chiens de recherche au sang
7e groupe: chiens d'arrêt
8e groupe: chiens leveurs de gibier, chiens rapporteurs et chiens d'eau
9e groupe: chiens d'agrément et de compagnie
10e groupe: lévriers et races apparentées

Le troisième groupe, celui des Terriers, auquel appartient le Westie, est composé des chiens suivants:

I. Chiens de grande taille et de taille moyenne:
Airedale
Bedlington
Border Terrier
Fox Terrier:
a) Smooth Haired Fox Terrier, fox-terrier à poil lisse
b) Wire Haired Fox Terrier, fox-terrier à poil dur
Glen of Imaal Terrier
Irish Terrier, terrier irlandais
Deutscher Jagdterrier
Japanese Terrier, terrier japonais
Lakeland Terrier
Manchester Terrier, terrier de Manchester
Soft-Coated Wheaten Terrier
Terrier noir russe
Welsh Terrier, terrier gallois

II. Chiens de petite taille et bassets:
Australian Terrier, terrier australien
Cairn Terrier
Cesky Terrier, terrier tchèque
Dandie Dinmont Terrier
Norfolk Terrier, terrier de Norfolk

Norwich Terrier, terrier de Norwich
Scottish Terrier, terrier écossais
Sealyham Terrier, terrier de Sealyham
Skye Terrier, terrier de l'île de Skye
West Highland White Terrier

III. Chiens de type bull:
American Staffordshire Terrier, Staffordshire american
Boston Terrier, terrier de Boston
English Bull Terrier, bull-terrier
English Bull Terrier (miniature), bull-terrier miniature
Staffordshire Bull Terrier, bull-terrier du Staffordshire

IV. Terriers d'agrément:
Silky Terrier
Toy Terrier (black and tan, english)
Yorkshire Terrier, terrier du Yorkshire

Voici une liste de sociétés nationales situées dans des pays entièrement ou partiellement francophones. Ces sociétés font partie de la F.C.I., soit comme organismes fédérés, soit comme organismes associés:

Union royale cynologique Saint-Hubert
25, avenue de l'Armée
B-1040 Bruxelles
Belgique

Société centrale canine
215, rue Saint-Denis
F-75093 Paris Cedex 02

Union cynologique Saint-Hubert du grand-duché de Luxembourg
c/o M. Fernand Jacquemart, Secrétaire général
L-6315 Beaufort
Grand-duché de Luxembourg

Société canine de Monaco
Avenue d'Ostende 12
Palais des Congrès
MC-98000 Monte-Carlo
Monaco

Société centrale canine marocaine
Boîte postale 6316
Rabat
Maroc

Société cynologique suisse
Case postale 2307
CH-3001 Berne 1 Facher
Suisse

Société canine de Madagascar
Boîte postale 56
Ivato 105
Madagascar

Le système de classification canadien présenté par le **Cercle canadien du chenil** (2150, rue Bloor ouest, Toronto, Ontario M6S 4V7, Canada) comprend sept groupes:

1er groupe: chiens d'arrêt
2e groupe: chiens courants
3e groupe: chiens de travail
4e groupe: terriers
5e groupe: chiens de luxe
6e groupe: divers sauf chiens d'arrêt
7e groupe: chiens de berger

Le Westie appartient au quatrième groupe, celui des Terriers:

Bedlington Terrier
Border Terrier
Bull Terrier
Cairn Terrier
Dandie Dinmont Terrier
Fox-Terriers (à poil dur et à poil lisse)
Kerry Blue Terrier
Lakeland Terrier
Norfolk Terrier
Norwich Terrier
Schnauzer nain
Sealyham Terrier
Skye Terrier
Staffordshire Bull Terrier
Staffordshire Terrier
Terrier Airedale
Terrier à poil doux couleur blé
Terrier australien
Terrier blanc du West Highland
Terrier de Manchester
Terrier écossais
Terrier gallois
Terrier irlandais

Les tests

Il est très important de noter que les tests en général, tout comme ceux qui sont proposés ici, ne révèlent que des tendances. Les conditions dans lesquelles le chien sera testé, et ce qu'il expérimentera par la suite, peuvent jouer un rôle plus ou moins déterminant.

On recommande habituellement d'administrer les tests de caractère au chiot âgé de sept semaines. À partir du vingt et unième jour, le chiot sera davantage influencé par diverses interactions.

Quoi qu'il en soit, testez votre chien, ou celui que vous voudriez acquérir, même s'il a atteint un âge plus avancé; vous pourrez ensuite faire d'autres séries de tests.

Vous vous isolerez avec votre chiot dans un endroit calme, afin de ne pas fausser les résultats; ce peut être un lieu inconnu du chiot. Ce qui est important, c'est que rien ne vienne distraire ou perturber l'animal.

Les tests de William Campbell sont certainement parmi les meilleurs; ils sont composés de cinq exercices:

1. Test de confiance;
2. Test d'accompagnement;

3. Test de contrainte;
4. Test de domination sociale;
5. Test de position élevée.

Pour assurer la validité des résultats, suivez ces quelques instructions: agissez calmement, sans parler et en douceur; ne faites au chiot ni reproche ni compliment; ne relevez aucune de ses bêtises.

Vous cocherez les lettres du tableau de Campbell correspondant aux réactions du sujet.

1. Test de confiance

Posez le sujet par terre et éloignez-vous d'environ 3 m. Accroupissez-vous et tapez doucement dans vos mains. Le chiot vous révélera instantanément son degré de confiance. Notez le résultat et passez immédiatement au test suivant.

2. Test d'accompagnement

Placez le sujet par terre, très près de vous, puis éloignez-vous en marchant normalement. S'il ne vous suit pas, voyez-y un signe d'indépendance. S'il vous suit, le chien vous démontrera ainsi son obéissance. Soyez toutefois absolument certain que le chiot vous a bien vu marcher avant de noter le résultat.

3. Test de contrainte
(durée: 30 secondes)

Accroupissez-vous et roulez doucement le chiot sur le dos pendant 30 secondes en appuyant une main sur sa poitrine. La façon dont il rejettera ou acceptera cette position indiquera son degré de résistance ou de soumission à la contrainte sociale physique.

Si le chien gémit ou aboie, cela peut indiquer une tendance naturelle difficile à corriger. En vieillissant, il pourrait répondre par des «vocalises» et susciter le mécontentement de vos voisins, si vous demeurez dans un appartement...

4. Test de domination sociale
(durée: 30 secondes)

Accroupissez-vous et caressez doucement le crâne du chiot, son cou et son dos. Sa réaction sera révélatrice: le chiot très dominateur essaiera de résister à la personne qui fait le test en se sauvant, en grognant et en la mordant; le chiot indépendant s'éloignera en marchant dignement.

Dans tous les cas cités, il faudra continuer de caresser l'animal jusqu'au moment où son comportement vous semblera éloquent. Notez le résultat.

5. Test de position élevée
(durée: 30 secondes)

Soulevez le sujet de sorte que ses membres ne touchent pas le sol sans pour autant l'en éloigner trop. Les mains entrelacées sous son ventre, soutenez-le légèrement et maintenez-le ainsi pendant 30 secondes. Le chiot se trouve alors dans une position d'abandon puisque c'est vous qui le maîtrisez complètement. Sa façon de réagir à cette situation indiquera à quel point il vous est soumis.

Déposez doucement le chiot et notez le résultat.

Dans le tableau de la page suivante, choisissez la description du comportement qui s'applique le mieux à votre chien; ne vous arrêtez pas à un détail, mais retenez plutôt la tendance générale. Cochez la lettre correspondante et analysez les résultats. Ce test vous donnera un aperçu de la personnalité du sujet.

TABLEAU DE CAMPBELL

Test de confiance

Vient promptement, queue haute, en sautillant et en mordant les mains	A
Vient promptement, queue haute et en piaffant, vers les mains	B
Vient promptement, queue basse	C
Vient en hésitant, queue basse	D
Ne vient pas	E

Test d'accompagnement

Suit promptement, queue haute, en essayant de mordiller les pieds	A
Suit promptement, queue haute	B
Suit promptement, queue basse	C
Suit en hésitant, queue basse	D
Ne suit pas, ou à distance	E

Test de contrainte (30 secondes)

Lutte vigoureusement, se débat et mord	A
Lutte vigoureusement et se débat	B
Lutte un moment puis abandonne	C
Ne lutte pas, lèche les mains	D

Test de domination sociale (30 secondes)

Bondit, piaffe, griffe, mord, gronde	A
Bondit, piaffe	B
Se tortille, lèche les mains	C
Se roule, lèche les mains	D
S'éloigne et ne bronche plus	E

Test de position élevée (30 secondes)

Se débat férocement, mord, gronde, pleure	A
Se débat beaucoup, pleure	B
Se débat, se calme, lèche	C
Ne lutte pas, lèche	D

INSCRIRE LE TOTAL DES A, B, C, D, E.

CE QUE RÉVÈLENT LES RÉSULTATS:

1. *Deux «A» ou plus avec un «B» ou plus*
   Chiots dominateurs et agressifs (peuvent mordre s'ils sont manipulés physiquement). À traiter avec douceur, sans jamais les frapper, ce qui augmenterait leur agressivité. Un environnement calme, sans enfants ni personnes âgées, est donc préférable; par contre, ces chiots deviendront des chiens de garde et de protection en cas de danger s'ils sont élevés avec douceur et fermeté.

2. *Trois «B» ou plus*
   Chiots dominateurs ou à tendance dominatrice. Ils deviendront impossibles à maîtriser s'ils sont toujours caressés gratuitement. Par contre, avec un dressage doux et ferme, ils apprendront rapidement à bien se conduire. Ce type de chien ne convient pas aux familles avec enfants, mais il gagnera en sociabilité si vous multipliez ses contacts avec eux.

3. *Trois «C» ou plus*
   Chiots pouvant s'intégrer dans tous les foyers de quelque genre que ce soit. Ils ne sont ni trop soumis ni trop agressifs. Ils sont fortement conseillés aux personnes âgées et aux familles comptant plusieurs enfants. En résumé, pas de problèmes majeurs.

4. *Deux «D» ou plus avec un ou plusieurs «E»*
Chiots sensibles et doux, fortement soumis, qui demandent beaucoup de tendresse et des manipulations délicates pour surmonter leur faiblesse de caractère. Ils peuvent fort bien faire un pipi de soumission avec des maîtres trop exigeants. Il vous faudra beaucoup de temps et de patience pour susciter leur confiance. Ils peuvent s'adapter à de jeunes enfants, mais ils risquent de mordiller ou de mordre quand ils ont peur, se sentent menacés ou trop resteints dans leurs mouvements.

5. *Deux «E» ou plus (dont un dans la section de domination sociale)*
Ils sont très solitaires et ne viennent pas vite à vous. Ils n'en font qu'à leur tête. Si les résultats comptent des «B» ou des «D», ces chiots peuvent attaquer et mordre sous l'influence d'un stress pendant ou après une punition physique.
Avec des «C» ou des «D», ils peuvent devenir très farouches envers leur entourage, leurs maîtres y compris. Ne les choisissez pas si vous avez des enfants.

6. *Un résultat mixte*
Un résultat mixte nécessite un nouveau test dans un autre lieu. Si le résultat reste le même, le chiot pourrait être un animal ambivalent, dépendant des situations ou de l'environnement. Le développement harmonieux d'un tel chien vous demandera beaucoup de temps et de patience.

Un vétérinaire français, le docteur Bernard Hamel, nous propose deux tests intéressants. Le premier, le «test du parapluie», consiste à ouvrir rapidement un parapluie à 1,50 m du chien. Comment interpréter le résultat de ce test? Le docteur Hamel souligne que cette épreuve n'est pas destinée uniquement à déceler le sujet peureux; selon lui, un mouvement de recul marqué — sans qu'il aille jusqu'à la débandade — est normal. Une absence totale de réaction dénoterait plutôt un état d'apathie regrettable. Le plus important à considérer est comment le chien réagit après avoir été surpris: piqué dans sa curiosité, il doit chercher à comprendre et s'approcher du parapluie pour l'examiner, avec prudence et circonspection, éventuellement encouragé par son maître. C'est la preuve la plus formelle de son intelligence.

Le docteur Hamel nous propose un autre test d'intelligence, le «test du bruit caché»: hors de la vue du chien, on racle le fond d'un seau métallique avec des cailloux; il doit «aller voir» et non s'enfuir ou rester indifférent.

La bonne réponse

Le Westie peut s'adapter à n'importe quel milieu, à condition de sortir régulièrement.

Sa nourriture

Votre Westie, comme d'ailleurs tous les autres chiens, mange de tout. Vous pouvez à juste titre le comparer à l'homme: comme celui-ci, il pourra se contenter d'aliments en conserve ou de nourriture sèche ou encore apprécier tout autant un régime alimentaire varié que vous lui préparerez avec soin et amour. N'oubliez pas de le faire jeûner de temps en temps, il n'en retirera que des bienfaits.

La nourriture pour chiens proposée actuellement par les compagnies réputées est parfaitement équilibrée, qu'elle soit sèche ou humide. Vous pouvez évidemment préparer vous-même les repas de votre Westie mais, étant donné l'excellente qualité des aliments de marque, si vous le faites, ce sera parce que vous aimez cette tâche et que vous avez du temps devant vous. Quelle que soit votre décision, ne changez pas brusquement de type d'alimentation: faites-le progressivement.

Si à l'origine le chien était carnivore, sa domestication l'a rendu omnivore, c'est-à-dire qu'il peut maintenant manger de tout, aussi bien de la viande que de n'importe quel autre aliment. Il vous faudra veiller à l'équilibre de son régime alimentaire en fonction de son âge, de son état de santé, de sa condition (gestation, lactation, etc.), de ses activités et des conditions climatiques.

Votre Westie pourrait avoir des prédispositions à l'obésité. Soyez extrêmement strict quant aux quantités et surveillez attentivement son régime.

Sachez aussi qu'il n'est pas conseillé de lui offrir de la viande crue. Vous devriez toujours la faire bouillir afin d'éviter les infections.

Vous devez noter également que la nourriture sèche a l'avantage d'entretenir les dents de votre Westie, car il doit la croquer vigoureusement; cela empêche le tartre de se former et prévient la formation de foyers d'infection.

Certaines grandes compagnies offrent des aliments en boîte qui, à eux seuls, sont susceptibles de guérir certaines maladies de votre compagnon, notamment les affections rénales et hépatiques.

Si vous tenez à préparer la nourriture de votre chien en suivant l'ancienne mode, vous pouvez considérer que:

• selon l'école moderne, dès le vingt-deuxième jour, vous pouvez commencer à lui donner de la nourriture sèche amollie par addition d'eau afin de l'entraîner à laper, et continuer ainsi tout au long de son développement en ajoutant de moins en moins d'eau à sa nourriture.

• selon une école plus ancienne, jusqu'au vingt-deuxième jour environ, les chiots sont nourris exclusivement par leur mère. Ensuite, vous devez leur donner un peu de lait en supplément.

À six semaines

Vous commencerez à donner aux chiots des bouillies à base de pain ou de viande hachée et, selon l'avis de votre vétérinaire, des vitamines. Néanmoins la principale source d'alimentation, à cet âge, demeure l'allaitement maternel: il ne faudra pas l'interrompre. Sachez qu'une chienne de grande taille produit de 60 à 100 litres de lait en six semaines.

Le sevrage

Le sevrage commence à deux mois. Le chiot devra s'habituer progressivement à une nourriture plus solide; donnez-lui:

1. Le matin, une petite tasse de lait et 5 ml d'huile de foie de morue (après avoir demandé l'avis de votre vétérinaire).
2. Vers le milieu de la journée, 40 g de viande hachée, de préférence du bœuf maigre (préparez des petites boulettes que vous donnerez au chiot l'une après l'autre).
3. Dans l'après-midi, une petite tasse de lait mélangé à 5 ml de lactose.
4. Au souper, 30 g de viande hachée, un biscuit pour chien et un peu de verdure remplacée à l'occasion par du riz.
5. Avant son coucher, une tasse de lait tiède, s'il en montre l'envie.

À trois mois

1. Le matin, du pain grillé, des biscuits pour chien en plus grande quantité et 225 ml de lait enrichi de lactose.
2. Vers le milieu de la journée, 60 g de bœuf haché et 10 ml d'huile de foie de morue (sur avis de votre vétérinaire).
3. Dans l'après-midi, 60 g de bœuf haché, du pain grillé ou des biscuits pour chien ainsi que deux cuillerées à soupe de riz bouilli ou de légumes cuits.

À quatre mois

1. Le matin, une grande tasse de lait enrichi de lactose, plusieurs tranches de pain grillé ou des biscuits et 5 ml d'huile de foie de morue (sur avis de votre vétérinaire).
2. Vers le milieu de la journée, 60 g de bœuf haché ainsi que quelques cuillerées à soupe de riz ou de légumes cuits et trois tranches de pain grillé.
3. Dans l'après-midi, 60 g de bœuf haché.
4. Au souper, 225 ml de lait enrichi de lactose et 15 ml d'huile de foie de morue (sur avis de votre vétérinaire).

À cinq mois

1. Le matin, 225 ml de lait enrichi de lactose, plusieurs tranches de pain grillé ou des biscuits pour chien et 5 ml d'huile de foie de morue (sur avis de votre vétérinaire).
2. Vers midi, environ 110 g de bœuf haché.
3. L'après-midi, environ 110 g de bœuf haché, du pain grillé ou des biscuits pour chien et une petite louche de légumes cuits ou de riz.
4. Le soir, une grande tasse de lait enrichi de lactose et une cuillerée à soupe d'huile de foie de morue (sur avis de votre vétérinaire).

À six mois

1. Le matin, 0,5 litre de lait, deux à trois tranches de pain grillé ou des biscuits pour chien et, si vous arrivez à le convaincre, un jaune d'œuf cuit.
2. Vers le milieu de la journée, 175 g de bœuf haché ainsi qu'un peu de foie.

3. Au souper, 175 g de bœuf haché (que vous pouvez mélanger à de la viande de cheval), une louche d'orge cuit et 15 ml d'huile de foie de morue (sur avis de votre vétérinaire).

De sept à onze mois

Donnez-lui une alimentation semblable à celle du Westie adulte mais moins copieuse, en tenant compte de sa musculature et de son ossature. Veillez à ne pas le suralimenter et ne continuez à lui donner de l'huile de foie de morue que sur avis de votre vétérinaire.

Donnez-lui les quantités suivantes:

1. Le matin, 0,5 litre de lait entier, du pain grillé, un œuf cru et 5 ml d'huile de foie de morue (sur avis de votre vétérinaire).
2. Au repas du midi, 175 g de bœuf haché, un peu de foie et quelques cartilages pour faciliter sa mastication.
3. Au souper, 175 g de viande hachée et deux louches de légumes cuits ou de riz. Remarquez les légumes que votre Westie préfère et digère le mieux; adaptez-vous à ses préférences même si cela vous occasionne un surplus de travail. Ne lui donnez pas de petits pois, de lentilles ou d'autres féculents.

À onze et douze mois

Donnez-lui seulement deux repas par jour. Selon ses activités et les conditions climatiques, vous pourrez ne lui donner qu'un repas par jour. Pour un régime de deux repas, préparez-lui:

1. Le matin, 0,5 litre de lait, un ou deux jaunes d'œufs, deux biscuits pour chien et 5 ml d'huile de foie de morue, s'il y a lieu.

2. Au souper, 350 g de viande coupée en morceaux mélangée à environ deux louches de riz, de légumes, d'un peu de céréales et de pommes de terre ou de pâtes, ainsi que quelques tranches de pain.

À l'âge de un an, votre Westie sera devenu un chien adulte. Comme vous l'aurez suivi au cours des différents stades de sa croissance, vous aurez appris à connaître ses goûts et ses habitudes.

Ne vous inquiétez pas trop si votre Westie refuse sa nourriture: il y a peut-être un élément de sa pâtée qui ne lui plaît pas; si, malgré vos efforts, vous ne parvenez pas à la lui faire manger, acceptez son refus et prenez ses goûts en considération. Il se pourrait également que les goûts de votre compagnon changent: là aussi il vous faudra vous incliner et découvrir, en tâtonnant, ses nouvelles préférences alimentaires.

Si vous avez décidé de faire de votre Westie un chien de travail à temps plein, il aura besoin d'une nourriture plus abondante. Vous lui donnerez alors: 450 g de viande; 175 g de riz, de pâtes ou de céréales; 200 g de légumes cuits tels que carottes, haricots verts ou courgettes; 175 g d'aliments préparés pour chien; 5 ml d'huile de foie de morue et des vitamines, s'il y a lieu.

Vous devez savoir que certains chiens, passé quatre ou cinq mois, ont de la difficulté à digérer le lait. Si vous voyez que votre Westie souffre de diarrhée, supprimez le lait mais demandez à votre vétérinaire ce que vous devez lui donner en remplacement.

La valeur nutritive des aliments

Les aliments que vous donnez à votre Westie se divisent en quatre grands groupes:

- Les *protéines,* contenues dans la viande, constituent l'élément majeur de l'alimentation du chien.

- Les *hydrates de carbone,* contenus dans le pain, les pâtes et les céréales, fournissent l'énergie nécessaire au travail et à l'activité physique.
- Les *matières grasses* fournissent l'énergie et la chaleur nécessaires pour combattre le froid.
- Les *minéraux,* contenus dans les légumes, dans les os broyés et dans certains aliments spécialement préparés à cet effet, favorisent la formation des os.

Il vous faut également savoir que:

- La *vitamine A,* que l'on trouve notamment dans l'huile de foie de morue, est essentielle à la croissance;
- La *vitamine C* ne devra être administrée que si le régime alimentaire du chien est mal équilibré. Absorbée par un Westie ayant un régime équilibré, elle pourrait provoquer des troubles hépatiques;
- Les *vitamines du complexe B* seront peut-être recommandées par votre vétérinaire;
- La *vitamine K,* indispensable à la coagulation normale du sang, pourrait cependant causer des troubles hépatiques ou rénaux.

Consultez toujours votre vétérinaire avant d'administrer des vitamines à votre chien. Un excès de vitamines pourrait provoquer un affaiblissement de l'animal ou la détérioration de son palais.

Certains aliments sont néfastes pour tous les Westies:

- le poumon, qui gonfle l'estomac et qui est difficile à digérer;
- les matières grasses en trop grande quantité, surtout si votre animal a tendance à l'obésité;
- la viande de porc;
- les petits os pointus de poulet ou de lapin;
- les lentilles, les pois cassés et les haricots qui sont trop riches en fécule et qui sont difficiles à digérer;

- le chou;
- les condiments comme le poivre, la moutarde, etc.

Ne laissez pas les enfants gâter votre Westie en lui offrant toutes sortes de sucreries: il deviendrait rapidement obèse. Un morceau de sucre devrait être une récompense très rare.

Assurez-vous que votre chien a toujours de l'eau à sa disposition pour se désaltérer quand il le désire.

Un bon conseil: servez-lui ses repas tièdes. Votre compagnon les engloutit immédiatement. Votre chien n'aime pas manger chaud, ce qui ne veut pas dire qu'il aime les aliments froids ou glacés.

La propreté est essentielle: n'oubliez pas de laver tous les jours la gamelle du chien; il vaut mieux jeter la pâtée que votre Westie n'aura pas mangée.

Enfin, si vous tenez spécialement à la beauté de votre compagnon et à ce que son poil devienne très luisant, donnez-lui tous les jours soit du yogourt, soit du fromage cottage, soit du foie de bœuf, soit du bœuf haché mélangé à de la nourriture sèche: vous verrez son poil s'embellir, ses muscles s'assouplir et son apparence se transformer. Il ne s'agit pas là de santé mais de beauté. Donnez-lui également deux fois par semaine de l'huile de maïs et, toujours pour embellir sa robe, offrez-lui chaque matin 5 ml de margarine de soja.

Son hygiène

Le Westie n'est pas différent des autres chiens: il a besoin d'être bien entretenu par son maître, c'est-à-dire par vous qui êtes responsable de son bien-être quotidien. Il vous en sera d'ailleurs très reconnaissant et vous le montrera par son entrain et par la fierté de son allure. En le gardant propre, vous embellissez sa robe et vous contribuez à améliorer sa santé. Un Westie bien propre est plus sain et vivra bien plus longtemps; son intelligence sera également plus vive que celle d'un chien qu'on laisse se débrouiller tout seul. Bien que votre Westie soit très robuste et n'ait pas d'odeurs particulières — sauf peut-être par temps humide —, vous devrez néanmoins accorder une attention spéciale à sa propreté puisque vous lui permettrez de vivre à l'intérieur de votre maison.

Voyons maintenant, d'une manière détaillée, quels sont les soins à prodiguer à votre Westie.

Le toilettage

Le Westie a besoin d'un toilettage spécial pour pouvoir se montrer sous ses plus beaux atours. Il faut, il est vrai, une bonne dose d'expérience pour en arriver à bout, mais si vous ne vous en sentez pas le courage, adressez-vous à un spécialiste qui saura y faire. Il s'agit essentiellement d'épiler régulièrement le Westie, en éliminant le poil mort et en maintenant la fourrure rêche à une longueur de 5 cm environ sur le corps.

La tête doit être ronde, avec un poil touffu qui contraste avec une encolure fort dégagée. Le corps doit paraître très compact, court et près du sol. Étant donné que le Westie a souvent des franges moins abondantes que le Scottie et que le moindre petit «trou» fait apparaître sa peau rose, vous comprendrez que ce toilettage n'est pas des plus faciles. Afin que le Westie ait une apparence naturelle, il est nécessaire d'y mettre beaucoup de soin. Vous ne pouvez en aucun cas tondre ou couper les poils; seule l'épilation est de rigueur. Vous ne le baignerez que de temps en temps; il vaut mieux, pour le nettoyer, employer un shampooing sec ou, comme le font les éleveurs, utiliser de la craie pulvérisée. Demandez conseil à un éleveur; il se fera un plaisir de vous apprendre comment faire, surtout si vous voulez présenter votre Westie à une exposition.

On dit souvent qu'un chien blanc se salit plus facilement qu'un autre chien; il serait bien plus exact de dire que la saleté se voit plus facilement sur une robe claire. À l'aide d'un bloc de craie et d'une brosse dure, votre Westie sera, au bout de quelques minutes, aussi blanc que neige et il le restera tant et aussi longtemps que vous l'entretiendrez régulièrement.

Le brossage

Si vous voulez être fier de votre Westie, vous devez faire en sorte que ses poils soient toujours bien brossés. Un entretien régulier permettra d'éliminer les poils morts et les différents parasites qui pourraient s'introduire dans le pelage de votre animal.

Commencez le brossage en humectant la fourrure à l'aide d'un vaporisateur à eau. Ensuite brossez-la à rebrousse-poil pour bien l'aérer, puis humectez de nouveau. Quant tout le poil est humecté et que l'humidité l'a traversé grâce à votre massage manuel, prenez une brosse de fil de fer et commencez la toilette. Brossez toujours dans le sens du poil en commençant par le garrot et en continuant vers l'arrière-train jusqu'à la queue. Terminez par les pattes. Tout en dépoussiérant votre chien, vous enlèverez les poils superflus et lui éviterez ainsi de les avaler.

Le brossage donnera un beau lustre au pelage de votre compagnon: votre Westie aura fière allure. Il appréciera tout particulièrement le brossage énergique. Brossez votre animal avec une brosse de caoutchouc pour éliminer les poils morts et activer la circulation sanguine cutanée.

Le bain

Vous devez habituer progressivement votre chien au bain. Ne le faites pas brutalement en le jetant dans l'eau. Si vous voulez qu'il apprécie pleinement son bain, vous devez être très patient jusqu'à ce que cela lui devienne naturel et routinier.

Un chiot doit être baigné une fois par semaine; par contre, arrivé à l'âge adulte, votre chien ne doit être baigné que tous les six mois au maximum. Le bain ne lui est guère recommandé. Si le chien est vraiment sale, enlevez la saleté superficiellement; sinon, vous enlèveriez la graisse naturelle qui recouvre son poil et qui le protège du soleil et du froid. Consultez votre vétérinaire; connaissant bien votre chien, il saura vous conseiller sur cet aspect de son hygiène.

En été, lorsqu'il fait beau, vous pouvez baigner votre Westie en plein air et le laisser s'ébrouer et sécher au soleil. Veillez à ce qu'il soit à l'abri des courants d'air. En hiver, utilisez un endroit bien fermé et essuyez-le soigneusement pour lui éviter les rhumatismes.

Remplissez la baignoire d'eau tiède à environ 40 °C. Toute la partie inférieure du corps de votre Westie doit être dans l'eau. Placez dans le fond de la baignoire un tapis antidérapant. Pour éliminer les parasites du pelage, employez un shampooing antiparasitaire. Commencez par lui savonner la tête et continuez dans le sens du poil jusqu'à la queue et aux pattes. Faites-le très soigneusement. Rincez une première fois en évitant de lui mouiller le museau et en protégeant ses oreilles. Soyez doux et patient, même lorsqu'il veut vous montrer à quel point c'est agréable! Profitez du bain pour vérifier la propreté de ses oreilles et pour les nettoyer à l'aide de coton enroulé sur un bâtonnet. Surveillez bien vos gestes car les oreilles d'un chien sont très sensibles; il pourrait avoir des mouvements brusques en sentant un corps étranger dans son oreille.

Quand vous aurez terminé, sortez votre Westie de la baignoire et éloignez-vous rapidement afin d'éviter de vous faire mouiller lorsqu'il se secouera. Frottez-le ensuite énergiquement avec des serviettes.

Lorsque l'hiver approche, et plus particulièrement pendant les périodes de grand froid, nous vous conseillons d'employer des shampooings secs: il vaut mieux ne pas mouiller votre chien. Ces shampooings secs font disparaître les parasites, assouplissent la fourrure et font briller le pelage.

Si votre Westie vous revient d'une «expédition» couvert de boue, vous avez le choix entre le frotter avec des linges humides et l'essuyer, ou bien laisser sécher la boue et le brosser ensuite. Si son poil est taché de graisse, de peinture ou de goudron, frottez-le avec un chiffon imbibé d'essence, de térébenthine ou d'éther. Rincez-le soigneusement ensuite.

Les ongles

L'entretien des ongles de votre compagnon est très important. Le meilleur moyen d'empêcher qu'ils ne deviennent trop longs est encore de faire marcher votre chien. L'exercice les maintiendra à la bonne longueur. Mais si le chien sort peu, comme la pousse des griffes est constante, elles le gêneront au cours de ses déplacements. Baignez-les dans de l'eau tiède, jusqu'à ce qu'elles soient ramollies; coupez-les ensuite et veillez, en les regardant à contre-jour, à n'enlever que la partie morte; vous éviterez ainsi de blesser votre Westie. Utilisez un instrument spécial et non ceux qui sont réservés à l'usage humain. Vous pouvez également opter pour la lime, mais procédez alors avec beaucoup de douceur. Limitez-vous à lui couper les ongles toutes les deux semaines.

Les oreilles

Soignez tout particulièrement les oreilles de votre compagnon. Elles doivent toujours être d'une propreté exemplaire. Deux fois par mois, vous préparerez une solution composée de 50 p. 100 d'eau et de 50 p. 100 de peroxyde avec laquelle vous masserez ses oreilles; asséchez-les ensuite avec des boules de coton hydrophile.

Les dents

La meilleure façon de garder saines les dents de votre Westie est encore de lui donner des os à ronger et de lui faire manger du pain bien sec et des biscuits très durs. Empêchez-le de croquer des morceaux de bois dur ou des cailloux car cela risquerait d'abîmer irrémédiablement l'émail de ses dents. Si votre chien est de bonne nature, vous pouvez lui brosser vous-même les dents à l'aide d'un dentifrice pour chien. Vous pouvez aussi essayer de les frotter avec un chiffon humide trempé dans du bicarbonate de soude ou dans du jus de citron.

Refusez-lui les friandises trop sucrées car elles favorisent la carie dentaire. Examinez régulièrement les dents de votre Westie, il pourrait y avoir du tartre; ce dépôt calcaire qui recouvre progressivement les molaires et les canines donne mauvaise haleine, favorise le déchaussement des dents et les infections des gencives. Consultez votre vétérinaire au moins une fois l'an. Il examinera les dents de votre Westie, procédera au détartrage, s'il y a lieu, et vous donnera de judicieux conseils.

Les yeux

Il est possible que les yeux de votre Westie soient rouges et larmoyants. Cela peut arriver après un plus ou moins long séjour en plein vent ou si un corps étranger s'est glissé sous ses paupières; prévenez ces ennuis en ne laissant pas votre compagnon passer la tête par la fenêtre lorsque vous l'emmenez en voiture. Lavez-lui les yeux avec une solution d'acide borique que vous trouverez dans toutes les pharmacies. Imprégnez-en un tampon de coton hydrophile et passez-le-lui sur les yeux.

En cas de conjonctivite, adressez-vous à votre vétérinaire qui prescrira les remèdes nécessaires.

Les parasites

Bien que votre Westie ne soit pas particulièrement sujet aux parasites, il vous faudra vérifier méticuleusement, lors du brossage, si votre animal n'en est pas infesté.

Les *puces* ne sont pas vraiment dangereuses, et vous pouvez les éliminer avec des poudres antiparasitaires. Les puces canines n'aiment pas l'homme et ne quittent le poil d'un chien que pour celui d'un autre chien.

Les *poux,* lorsqu'ils ont infesté le poil de votre Westie, sont la cause de bien des tracas. Il est difficile de les éliminer complètement. Ils se reproduisent très rapidement et leur action peut devenir dangereuse pour votre compagnon. Il y a de fortes probabilités pour que votre Westie ait des poux s'il se gratte sans arrêt les oreilles. Donnez-lui des bains antiparasitaires; si vous n'arrivez pas à l'en débarrasser rapidement, consultez sans tarder votre vétérinaire. Si vous n'agissez pas au plus vite, votre Westie pourrait souffrir d'anémie, ce qui l'affaiblirait considérablement.

Les *tiques* sévissent surtout pendant l'été dans nos régions. Les chiens vivant en contact avec des bestiaux sont les plus menacés. Elles peuvent provoquer des infections de la peau lorsqu'on essaie de les arracher sans précautions. Leur tête reste incrustée dans la peau quand vous en arrachez le corps, ce qui provoque de l'infection. Il vaut donc mieux faire prendre à votre Westie des bains additionnés de produits antiparasitaires, d'essence ou d'alcool. Une fois que les tiques sont mortes, laissez-les tomber d'elles-mêmes sans essayer de les arracher. Elles se logent sur la base des oreilles, sur le cou, entre les doigts et sous les aisselles du chien. Dès que vous diagnostiquez une infestation, traitez votre Westie.

Il existe aujourd'hui toute une gamme de colliers antiparasitaires qui protégeront votre chien de manière efficace, discrète et constante. Cependant, ne laissez pas votre chien frayer avec les chiens errants de votre voisinage.

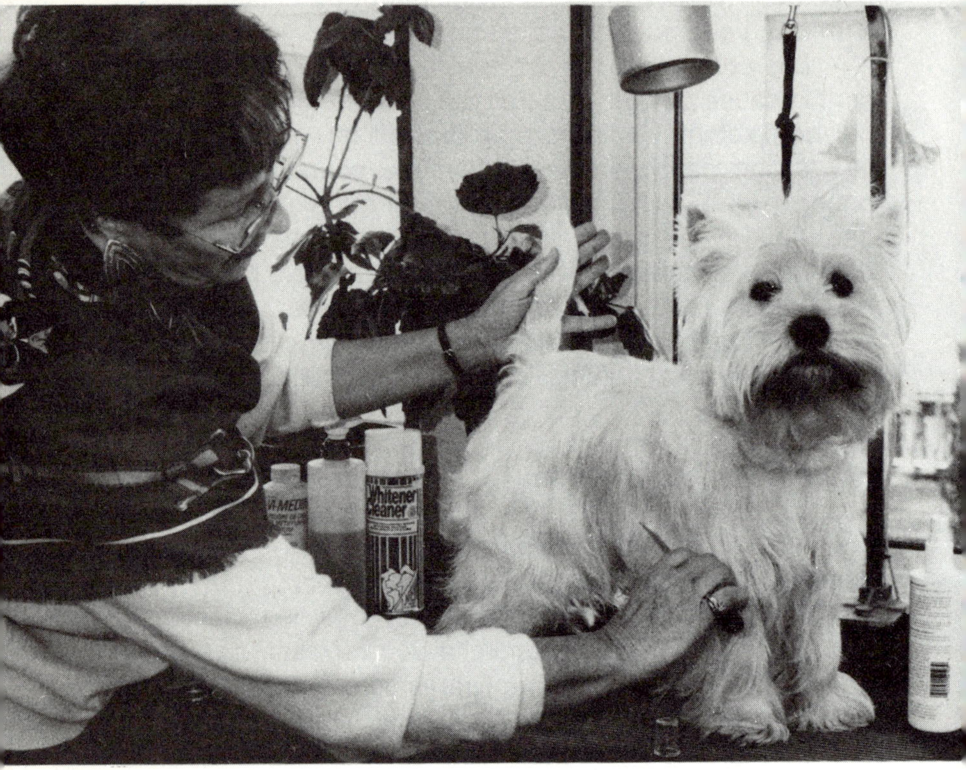

Le Westie doit être brossé tous les jours.

Sa santé

Si vous remarquez que votre Westie est triste, qu'il ne répond pas à vos appels et reste dans son coin, alors qu'il est habituellement gai, actif, vif et expressif, il y a tout lieu de penser qu'il est malade. Prenez sa température avec un thermomètre rectal: elle est normalement de 38,2 °C à 38,7 °C chez le Westie adulte et d'environ 39 °C chez le chiot. Si elle dépasse largement 39 °C ou si elle est nettement en dessous de 38 °C, vous devez être très vigilant. Si cette température anormale est accompagnée de vomissements ou de diarrhée, n'hésitez pas à consulter votre vétérinaire.

Le pouls normal d'un jeune Westie est de 110 à 120 pulsations par minute; celui d'un Westie dans la force de l'âge, de 90 à 100, et celui d'un vieux chien, de 70 à 80.

Un jeune chien au repos a de 18 à 20 respirations par minute. Un Westie adulte en a de 16 à 18, et un vieux Westie, de 14 à 16.

D'autre part, votre Westie n'est pas à l'abri des blessures, des fractures ou des brûlures. Il peut également être atteint de différentes maladies parasitaires dont nous parlerons plus loin.

Les maladies évoluent à travers le temps. Certaines ont disparu, mais rien ne nous dit qu'elles ne ressurgiront jamais. Certaines peuvent porter un autre nom en d'autres lieux. Ne vous affolez pas; si vous avez le moindre doute lorsque vous constatez un symptôme, consultez votre vétérinaire.

Les accidents

Les blessures

Il y a plusieurs types de blessures: les coupures, les contusions, les plaies superficielles ou profondes.

Bien que parfois compliquée d'une hémorragie, la *coupure* est une blessure habituellement bénigne. Vous devez d'abord stopper l'écoulement du sang en tamponnant la coupure à l'aide de compresses de gaze ou en garrottant le membre juste au-dessus de la blessure. Dans les cas graves, vous devrez ligaturer les vaisseaux. La désinfection et la propreté sont indispensables; avant même de vous occuper de la blessure, rasez les poils tout autour. Si la blessure est longue, vous devez faire quelques points de suture. En soulevant la peau du chien, vous y arriverez aisément. Si la blessure est superficielle, ne la recouvrez pas de pansements afin de permettre à votre Westie de la lécher: sa salive favorisera la guérison en prévenant l'infection et en accélérant la cicatrisation.

Bien que les blessures provoquées par une pointe ne soient pas longues, elles sont souvent très profondes et peuvent s'infecter: des germes peuvent s'introduire accidentellement sous la peau et résister à toute médication. Si ces cas d'infection sont rares, ils n'en sont pas moins très douloureux; vous devez désinfecter ces blessures en profondeur par irrigation.

La *contusion* est une lésion produite par un choc sans qu'il y ait déchirure de la peau du chien. Il est alors plus difficile de faire des points de suture, parce qu'il s'agit d'une blessure qui n'est pas aussi nette qu'une coupure. Commencez par désinfecter en lavant la lésion avec une solution antiseptique. Comme pour la coupure, rasez les poils autour de la lésion. Bandez selon l'emplacement de la blessure, de façon à ne pas nuire aux mouvements de l'animal. Une contusion guérira plus lentement qu'une coupure.

S'il vous accompagne à une partie de chasse (ce que nous ne vous conseillons pas, sauf s'il s'agit d'un chien dressé pour la chasse), votre Westie peut être touché accidentellement par une balle perdue ou se prendre dans un piège. Gardez la tête froide et évaluez rapidement la situation. Si une balle l'a blessé grièvement à la tête, à la poitrine ou au ventre et que vous êtes dans l'impossibilité de le transporter en moins d'une heure chez un vétérinaire (ou même un pharmacien), vous devrez vous résoudre à ne pas le laisser souffrir inutilement. Si la blessure est superficielle ou profonde, mais ne semble pas dangereuse, munissez-vous d'un bâton court et solide et donnez-le à mordre à votre chien. Enveloppez ensuite votre Westie dans une couverture, un imperméable ou une bâche et amenez-le le plus vite possible chez un vétérinaire.

S'il est pris au piège, procédez comme dans le cas d'une blessure par balle; faites-lui mordre un bâton et retenez-le une fois que vous l'aurez libéré du piège car il pourrait chercher à s'enfuir.

La bataille de chiens

Une bataille de chiens peut dégénérer très rapidement. Attrapez une laisse ou même, si vous n'en avez pas une sous la main, servez-vous de votre ceinture et tapez très fort dans le tas. Sachez qu'un bon coup de fouet les cinglera, mais que c'est bien moins grave qu'une vilaine morsure. N'hésitez pas, soyez énergique et agissez vite: tous les ordres et les cris seraient absolument inutiles dans un cas pareil. Que votre Westie soit un adversaire redoutable ou une «petite nature», ne le laissez pas s'approcher d'un autre chien de sa taille ou plus fort que lui.

L'insolation et le coup de chaleur

Les symptômes de l'insolation et du coup de chaleur sont les mêmes. Si votre chien court ou marche longtemps en plein soleil, l'été, il est possible qu'il souffre d'un coup de chaleur: son système nerveux central sera atteint, surtout s'il appartient à une catégorie de chiens particulièrement vulnérables à la chaleur. Ses poumons et son système cardio-vasculaire peuvent également être touchés. Les symptômes apparaissent subitement: le chien semble soudainement affaibli, sa démarche devient hésitante, il respire par saccades et s'affaisse. N'attendez pas le vétérinaire pour donner les premiers soins: l'insolation peut être mortelle.

La première chose à faire est de porter votre Westie dans un endroit ombragé et frais. Faites baisser sa température en lui appliquant des compresses d'eau très froide sur la tête et sur tout le corps. Appelez ou faites appeler un vétérinaire; en attendant son arrivée, donnez à votre chien un peu de café pour contrer la dépression; vous l'aiderez ainsi à surmonter sa crise. Ne laissez jamais votre Westie prisonnier dans une automobile hermétiquement fermée et garée en plein soleil. N'oubliez pas que, comme les autres chiens, il ne supporte pas les trop fortes chaleurs.

L'aggravée

Il s'agit de l'inflammation des soles d'un Westie qui a marché trop longtemps sur des terrains trop durs ou trop caillouteux. L'aggravée peut aussi affecter le chien qui a marché sur les résidus de chaume après une moisson. Les soles de votre animal peuvent aussi s'enflammer s'il se promène longtemps, par temps chauds, sur des routes goudronnées. Ses coussinets plantaires et les espaces interdigitaux se couvrent alors de plaies très douloureuses qui rendent la marche difficile et pénible, sinon impossible.

Cette inflammation est la plupart du temps assez longue à guérir. Laissez votre chien au repos sur un terrain non sablonneux; évitez le gravier, le ciment et l'humidité. Des bains astringents à base d'alun le soulageront. Vous pouvez également vaporiser une solution antiseptique qui formera une pellicule isolante sur les lésions.

Les chiens perdus ou épuisés

Le fait de s'égarer et d'être épuisé est plus fréquent chez les tout jeunes chiens, mais il se peut fort bien que cela arrive à un Westie adulte.

Il faut parfois plusieurs jours de recherche avant de retrouver son chien. L'animal épuisé cherchera à se désaltérer et à se rapprocher des habitations dans l'espoir d'être nourri; étant un chien de maison, il n'est pas capable de subvenir lui-même à ses besoins, puisqu'il a l'habitude d'être ponctuellement servi par son maître.

À partir du troisième jour de jeûne environ, un chien citadin peut devenir méchant. La soif et la faim peuvent le rendre fort dangereux; évitez le contact entre votre Westie et un chien dans cet état. Essayez d'enfermer ce chien perdu et donnez-lui à boire et à manger raisonnablement.

Prévenez la police locale et regardez les avis de recherche publiés dans les annonces classées.

Les fractures

Il y a quatre genres de fractures: fermées, ouvertes, comminutives et composées.

La *fracture fermée* est la plus fréquente: l'os se casse sans sortir du membre du chien. La réduction de la fracture fermée est la plus facile. Par contre, quand l'os sort du membre, il s'agit d'une *fracture ouverte.* L'os provoque des blessures externes qui entraînent certaines complications. Quand l'os se casse en plusieurs morceaux, il s'agit d'une *fracture comminutive.* Quand l'os provoque des déchirures externes, tout en se cassant en plusieurs morceaux, il s'agit d'une *fracture composée.*

Que devez-vous faire en cas de fracture? Nous vous conseillons, comme premiers soins, de désinfecter et de nettoyer les blessures faites par les fractures ouvertes. Enlevez les fragments osseux. Immobilisez le membre du chien à l'aide d'une petite planche et tenez-le tranquille jusqu'à ce que vous ayez réduit la fracture. Une des principales causes de fracture est la circulation routière qui augmente sans cesse. Vous pourriez éviter ces accidents en ne laissant pas votre Westie se promener seul, en prenant garde de l'appeler de façon inconsidérée, l'obligeant à traverser une rue pour venir vous rejoindre, ou encore en le dressant de façon à limiter ce type d'accident.

La fracture de la colonne vertébrale est une des plus graves conséquences de la collision: elle entraîne la paralysie du train postérieur, au mieux, ou la mort. Il est préférable d'abréger les souffrances de votre compagnon s'il a subi une telle fracture.

Il en est de même si les fractures sont accompagnées de la rupture d'un organe interne: dans la plupart des cas, n'ayez pas trop d'espoir quant aux chances de survie de votre chien.

Les piqûres d'insectes

Les piqûres d'insectes, comme celles des abeilles, des frelons et des guêpes, sont moins dangereuses qu'une morsure de vipère. Néanmoins, dans les cas sérieux, consultez votre vétérinaire. Dès que le chien a été piqué, tamponnez la région touchée avec du vinaigre ou du poireau frais. Certains chiens sont allergiques à ces piqûres et leur vie peut être en danger. Si votre vétérinaire n'est pas à proximité, amenez votre chien à la clinique la plus proche.

Les orties

Votre Westie, en traversant des touffes d'orties, pourrait attraper une certaine forme d'urticaire. Très rapidement, il éprouvera une sensation de brûlure et un prurit violent, surtout là où la peau est très fine. D'instinct, votre chien se léchera compulsivement et les poils contaminés par l'urticaire peuvent malheureusement pénétrer dans ses muqueuses respiratoires, provoquant à la limite l'asphyxie.

Appliquez une pommade ou une lotion antiprurigineuse et calmante sur les parties du corps atteintes d'urticaire. Vous pouvez également appliquer des lotions d'eau froide vinaigrée.

L'électrocution

Si votre chien est bien portant et pas excessivement nerveux, les clôtures électriques ne sont pas vraiment dangereuses. Si, par malheur, votre Westie touche une installation électrique mal isolée ou mord un fil, il perdra connaissance. Pratiquez-lui la respiration artificielle: couchez-le sur le côté, puis poussez sur ses côtes toutes les deux secondes environ.

Les intoxications

Le Westie peut être empoisonné par une main criminelle, mais il peut aussi l'être accidentellement s'il absorbe des produits toxiques répandus sur le sol pour détruire les rats ou d'autres bêtes nuisibles. La composition chimique de ces produits est fort différente de l'un à l'autre, aussi leurs effets sur l'organisme sont-ils très variés. Consultez au plus vite votre vétérinaire. Malheureusement, certains produits toxiques, comme la strychnine et la noix vomique, ont un effet foudroyant, et rien ne pourra sauver l'animal.

Les brûlures

Les brûlures sont moins rares qu'on ne le pense. Méfiez-vous des pique-niques à la campagne. S'il se brûle, votre Westie peut devenir fou furieux. À la suite de l'affaiblissement physiologique brusque (collapsus) qui succède à la destruction de l'épiderme, les brûlures sont dangereuses et fort douloureuses, voire mortelles.

Les brûlures se divisent en trois catégories selon leur gravité. Les *brûlures du premier degré* sont les plus légères: la peau présente un rougissement et la brûlure évolue vers une inflammation érythémateuse; votre chien éprouve de la douleur. Les *brûlures du second degré* se caractérisent par la formation de petites ampoules qui, en éclatant, libèrent un liquide séreux et donnent naissance à de petites plaies qui se cicatriseront. Les *brûlures du troisième degré* sont les plus graves. Il s'agit d'une carbonisation des tissus, suivie de la formation d'une croûte qui disparaîtra avec la cicatrisation.

Commencez par bloquer la mâchoire du Westie avec un bâton. Les brûlures se soignent avec des bains froids de solution borique à 3 p. 100 et des applications de poudre absorbante. Comme premiers soins, appliquez de l'huile d'olive, de la vaseline, de la pommade à la lanoline ou à l'ichtyol, du blanc d'œuf battu, du beurre, de la margarine ou de la graisse animale. Percez les ampoules pour en faire sortir le liquide en appliquant sur la blessure une poudre antiseptique. N'oubliez jamais de commencer par désinfecter la plaie à l'aide d'une poudre absorbante.

Si c'est une substance chimique qui a provoqué la brûlure, vous pouvez neutraliser son action avec une substance alcaline si l'agent en cause est un acide ou avec une préparation acide, si la brûlure est provoquée par une base.

Les corps étrangers

Le Westie, comme tout autre chien, peut avaler divers corps étrangers. Ce sont les chiots qui doivent être le mieux surveillés. La liste des objets dangereux est longue et il est impossible de les énumérer tous. Prenons quelques exemples: les aiguilles de couturière peuvent se planter dans la gorge ou dans la langue. Le chien hurlera et bavera; il ne pourra plus manger. Un chiot, ou même un chien adulte, peut avaler par inadvertance un morceau de jouet en caoutchouc, un noyau de pêche, un os de côtelette, un caillou ou un bouchon.

N'essayez pas d'intervenir vous-même, vous pourriez être mordu et faire au chien plus de mal que de bien. Emmenez-le chez votre vétérinaire. Vous constaterez d'ailleurs la gravité de son état si vous le voyez vomir «jaune» et si son abdomen semble douloureux. Votre vétérinaire lui fera une palpation et une radiographie. Il pourrait être obligé d'inciser l'estomac ou les intestins. Par conséquent, ne laissez pas traîner des objets pouvant être avalés et apprenez à vos enfants à ne jouer qu'à des jeux inoffensifs afin d'éviter une intervention chirurgicale à votre chien.

Les épillets

Les épillets, surnommés les folles avoines, peuvent se planter entre les doigts, dans le nez et dans les oreilles du chien et provoquer des abcès et des inflammations. L'oreille y est particulièrement vulnérable; les petits épillets se glissent progressivement au fond du conduit auditif où ils demeurent coincés. Le Westie deviendra nerveux, penchera la tête du côté atteint et la secouera violemment. Dès que vous remarquez ces symptômes, soulagez-le immédiatement en lui enlevant l'épillet à l'aide d'une petite pince. Si, dès les premiers symptômes, l'extraction est facile, vous aurez par contre des difficultés à repérer un épillet enfoncé trop loin. Consultez votre vétérinaire qui, grâce à l'otoscope, en viendra à bout.

Si vous ne vous en occupez pas, une otite inflammatoire et une suppuration risquent fort de s'installer et de conduire au catarrhe auriculaire chronique. Comme nous le faisions remarquer, l'épillet se loge fréquemment dans les espaces interdigitaux; il peut provoquer un abcès qui devra être largement incisé et débarrassé du corps étranger. Si cela n'est pas fait, l'épillet continuera son chemin tout au long des gaines tendineuses ou musculaires et pourra provoquer, dans une région éloignée de son point d'impact, des abcès successifs.

Les morsures de reptiles

Les lèvres, la truffe et l'extrémité des membres sont les endroits les plus exposés aux morsures de serpent. Votre Westie se mettra habituellement à vomir et poussera des hurlements de douleur. Vous remarquerez dans la région atteinte une plaie tuméfiée et violacée qui deviendra douloureuse, s'enflammera et prendra la forme d'une auréole. Cette morsure sera plus dangereuse si la vipère n'avait pas mordu depuis sept jours; elle injectera alors au chien tout son venin. Plus l'animal est jeune, plus cette morsure peut être mortelle.

Il faudra intervenir très rapidement en faisant saigner abondamment la plaie par une incision au couteau, puis en la suçant et en recrachant le venin. Placez un garrot au-dessus de la lésion. Lavez avec de l'eau javellisée (4 ou 5 cuillerées à soupe par litre d'eau) ou avec une solution de permanganate contenant un comprimé pour 250 ml d'eau. Enfin, faites au chien une injection de sérum antivenimeux. Emportez toujours ce sérum dans vos bagages quand vous emmenez votre chien à l'extérieur de la ville.

La couleuvre mord parfois; bien que douloureuse, sa morsure est sans danger pour votre compagnon.

Le danger des élastiques

Ne placez jamais un élastique autour du museau ou de la patte de votre Westie car il s'incrusterait rapidement dans la peau et provoquerait une inflammation aggravée par les poils et l'exsudation. Il faudrait alors l'exciser. Faites bien comprendre à votre entourage, surtout aux enfants, qu'il s'agit là d'un jeu fort dangereux.

Les maladies

Les symptômes de maladie chez votre Westie

Qu'il soit de constitution robuste ou non, votre Westie demeure vulnérable à la maladie. Comme tous les autres animaux, le chien manifeste par des signes très clairs qu'il est sur le point d'être malade. Il est évidemment plus facile d'y être attentif si l'animal vous appartient; à force de vivre avec lui, vous saurez repérer rapidement les signes avant-coureurs et pourrez alors faire le nécessaire avant que la maladie qui couve ne devienne grave ou même chronique.

Si vous remarquez un changement dans ses habitudes quand il joue, s'il change d'humeur ou que son comportement aux repas est différent, s'il se laisse traîner pendant la promenade ou s'il est tout simplement triste, faites-lui subir un examen complet: mieux vaut prévenir que guérir.

Votre chien ne peut parler, mais il s'exprimera par des signes extérieurs. Il commencera par se désintéresser de sa nourriture et des jeux. Il ne cherchera plus la compagnie des autres et voudra rester seul; il refusera de faire sa promenade et aura l'air indifférent. Ne perdez pas votre calme lorsque vous remarquez ces symptômes chez votre Westie; n'essayez pas de le forcer à manger ou à vous obéir.

Lorsque la maladie se développe, vous remarquerez que sa truffe est plus chaude que d'habitude; elle deviendra également sèche et rêche. Prenez la température de votre chien à l'aide d'un thermomètre médical introduit dans l'anus. La température normale de votre compagnon, s'il est en bonne santé, ne devrait pas dépasser 39 °C. Vérifiez également son pouls en appuyant votre doigt sur la veine à l'intérieur de la cuisse; normalement, vous devriez compter de 70 à 120 pulsations par minute. Cette marge de 50 pulsations oscille selon les moments de repos et les moments de surexcitation ou d'activité.

Apprenez à diagnostiquer au plus vite les diverses maladies dont nous allons énumérer les symptômes plus loin, afin que votre Westie reçoive les soins appropriés au plus tôt et que l'évolution de la maladie soit enrayée. Par exemple, la rage se caractérise par certains symptômes: le chien a toujours la gueule ouverte, il n'aboie plus de la même façon et il a toujours envie de mordre.

En résumé, il faut toujours surveiller les changements de comportement de votre chien, son manque d'appétit et son besoin de solitude, car ce sont là les premiers symptômes de toute maladie.

Les causes de maladie chez votre Westie

Vous n'avez pas spécialement à vous inquiéter à propos des maladies que votre Westie pourrait contracter à condition, bien sûr, que vous ayez acheté votre chiot en exigeant du vendeur toutes les preuves possibles garantissant sa bonne santé. Votre chien est donc bien armé contre la maladie et n'a généralement pas de graves problèmes de santé. Néanmoins, il vous faut savoir que certains animaux sont prédisposés à la maladie et que, malgré de bons soins, ils auront toujours des problèmes de santé.

Si vous gardez votre Westie dans votre appartement, il pourrait être sujet à l'eczéma; prévenez cette maladie en lui faisant faire beaucoup d'exercice au dehors.

Nous n'allons pas voir en détail les causes de la faiblesse chez certains chiens, puisque la plupart d'entre eux sont sains. Il arrive que certains croisements produisent des spécimens plus sensibles aux maladies, et particulièrement à la gourme. À titre préventif, évitez d'exposer les chiots à l'humidité et à des changements de température trop brusques. Cette tendance ne doit pas vous inquiéter outre mesure; elle peut être maîtrisée et neutralisée par des mesures d'hygiène très strictes et par une surveillance constante de la condition physique de votre chien.

Les soins au Westie

Le chien peut habituellement être soigné de la même manière que l'être humain. Il doit absorber des médicaments, recevoir des injections ou subir parfois des interventions chirurgicales. Le grand problème, c'est qu'il ne parle pas... Il ne peut pas vous expliquer pourquoi il déteste certains médicaments alors qu'il en prend d'autres bien volontiers. Voici une bonne méthode pour lui administrer un médicament qu'il n'aime pas: introduisez-le sur le côté de sa gueule. Calmez l'animal en lui parlant doucement; d'une main, tenez la cuillère contenant le médicament, et de l'autre, soulevez la lèvre du chien; vous allez découvrir une cavité, près de l'angle de la mâchoire, où il vous sera facile de verser le contenu de la cuillère. Le Westie l'avalera naturellement.

Si vous avez des soins prolongés à donner à votre chien, utilisez des «cuillères couvertes» spécialement conçues pour faciliter l'introduction d'un médicament dans la cavité de la lèvre inférieure. S'il s'agit d'un médicament en poudre ou en gouttes, mélangez-le avec de l'eau, de la viande hachée, du sucre, du lait, du pain ou tout autre ingrédient.

Vous n'aurez aucune difficulté à faire une injection à votre chien, sauf une intraveineuse. N'oubliez jamais de stériliser convenablement la seringue et d'éliminer les bulles d'air qui se forment dans son réservoir. Désinfectez toujours à l'alcool la région qui doit être piquée. Quant à l'intraveineuse, elle relève des compétences du vétérinaire. Il fera l'injection dans la veine saphène qui se trouve sous le jarret.

Les lavages vaginaux, les clystères et les diverses applications externes ne devraient pas vous poser de problèmes particuliers. Liez bien les bandages car votre Westie essaiera de les enlever.

Soyez patient et compréhensif; soignez votre chien dans une atmosphère de calme. Vous verrez comme il sera alors plus facile de le remettre sur patte.

Les parasites externes

Les puces

La puce est de loin le parasite externe le plus commun chez le chien. Habituellement, les morsures de puce causeront des démangeaisons et des lésions dont la gravité est souvent proportionnelle au nombre de morsures. Toutefois, votre Westie peut développer une allergie contre la salive de puce. Dans ce cas, le nombre de morsures importe peu. Quelques-unes par semaine suffiront pour entretenir des démangeaisons intenses et des lésions cutanées plus ou moins sérieuses. Dans les cas d'une dermatite causée par l'allergie aux piqûres de puce (DAPP), l'éradication des parasites dans l'environnement et sur votre Westie est primordiale. Il existe sur le marché un nombre incroyable de produits antiparasitaires: shampooings, crèmes de rinçage, poudres, aérosols, colliers, etc. Votre vétérinaire saura vous conseiller le meilleur selon le degré d'infestation, l'âge et l'état de santé de votre Westie, selon qu'il souffre ou non d'allergie aux piqûres de puce, etc. Finalement, mentionnons que la puce est l'hôte intermédiaire d'un ver plat, le *Dipylidium caninum,* et qu'elle peut transmettre ce ver solitaire. Un chien parasité par les puces l'est souvent aussi par les vers plats.

Les tiques

Les tiques se manifestent plus souvent en été. Elles ont la particularité d'enfoncer la tête dans la peau d'un hôte pour se nourrir de son sang, d'où la difficulté à les éliminer. Il ne faut surtout pas tirer sur la tique, car on n'arracherait que son corps, alors que sa tête resterait incrustée dans la peau du chien. Il est préférable de recourir aux produits antiparasitaires.

Les poux

Heureusement plus rares, ces parasites externes peuvent infester les chiens à l'occasion. Das bains antiparasitaires en viendront à bout dans la majorité des cas.

Les mites

Les mites d'oreilles (otoacariase), fréquente chez le chien, ressemblent à des araignées microscopiques; elles vivent et se reproduisent dans le conduit auditif externe de l'oreille. Leurs morsures irritent le conduit, causant une otite parasitaire qui se manifestera par la présence de croûtes brunâtres (sang desséché) à l'intérieur de l'oreille. Le chien se grattera les oreilles et secouera la tête fréquemment. L'otoacariase est très contagieuse pour tous les quadrupèdes de la maisonnée. On parviendra à l'éliminer par l'application régulière d'une préparation otique prescrite par votre vétérinaire. Une anesthésie générale sera parfois nécessaire pour permettre un nettoyage préalable.

La gale sarcoptique

La gale sarcoptique est causée par une mite (la sarcopte) qui creuse des tunnels dans la peau. Elle se manifeste par des démangeaisons intenses. La peau sera rouge, croûtée et sujette à des infections bactériennes secondaires. La gale est contagieuse pour les autres chiens, mais aussi pour l'homme. Votre vétérinaire devra intervenir rapidement.

La toxocarose

La *toxocarose,* maladie provoquée par un parasite appelé *Toxocara canis,* n'affecte pas le chien lui-même; c'est plutôt l'homme qui risque d'en souffrir gravement, car elle est transmise par les excréments de chiens déposés notamment dans les lieux publics. En France seulement, de 10 à 50 p. 100 des chiens en seraient porteurs.

Une fois dans l'environnement, les œufs microscopiques et fort résistants du parasite se répandent dans les aires de jeux, les bacs à sable et les habitations, utilisant comme véhicules les pattes des animaux domestiques ou nos semelles de chaussure. L'humain, particulièrement les enfants, se trouve ensuite contaminé car il avale ces œufs lorsqu'il porte ses mains souillées à la bouche. Les symptômes les plus fréquents de cette maladie sont la fatigue, les douleurs abdominales, les allergies, les troubles neuropsychologiques et les affections articulaires ou pulmonaires.

En Europe, les pouvoirs publics sont vertement critiqués et accusés de négliger ce sérieux problème. En outre, des études tant européennes que nord-américaines en sont arrivées à conclure que l'incidence de cette maladie serait largement sous-estimée et que la situation est plutôt alarmante. La riposte à cette infection étant loin d'être parfaite, on ne peut, pour l'instant, que vous conseiller d'administrer régulièrement un vermifuge à votre chien... et de consulter votre médecin si vous présentez les symptômes reconnus.

La gale démodectique

La gale démodectique (démodécie) est causée par une mite qui envahit les follicules pileux, occasionnant une chute de poils plus ou moins généralisée. Héréditaire mais pas du tout contagieuse, sa forme généralisée s'avère cependant le problème cutané le plus pénible à traiter.

La teigne

La teigne n'est pas causée par un parasite, mais plutôt par un champignon microscopique (fongus). Les zones dépilées, de forme plus ou moins circulaire, auront tendance à s'étendre. En plus d'être contagieuse pour les chats et les autres chiens, elle l'est également pour les humains et plus spécialement pour les enfants. En cas de lésions suspectes, consultez votre vétérinaire sans tarder.

La dirofilariose

La dirofilariose (vers du cœur), présente depuis longtemps dans le sud et l'est des États-Unis, prend maintenant de l'ampleur et s'étend depuis quelques années dans la majeure partie de l'Amérique du Nord.

Comme son nom l'indique, il s'agit de vers qui s'accumulent dans les cavités du cœur droit et les artères adjacentes. La présence de vers adultes (mesurant jusqu'à 35 cm de long) augmente de façon considérable la charge de travail du cœur et restreint l'apport sanguin aux poumons, au foie et aux reins. Si l'infection persiste et n'est pas traitée, il en résultera une insuffisance cardiaque qui aboutira éventuellement à la mort du chien. Ces parasites sont transmis par les moustiques.

Le chien attrapera cette maladie s'il se fait piquer par un moustique qui a, au préalable, piqué un chien infesté. Il transmettra ainsi les microfilaires (forme immature du ver qui circule dans les vaisseaux sanguins). Évidemment, la transmission n'est possible que durant la saison des moustiques. Une fois infecté, l'animal peut mettre un an avant de montrer les signes de cette maladie qui, à ce moment, peut avoir atteint un stade très avancé.

Heureusement, il existe maintenant plusieurs techniques efficaces pour diagnostiquer une infestation par les vers du cœur. Il existe aussi une excellente thérapie préventive qui permet d'éviter en grande partie les coûts et les soucis reliés à cette maladie.

Les parasites internes

Plusieurs sortes de vers intestinaux peuvent parasiter votre Westie.

Les ascaris

Les ascaris (vers ronds) sont les plus fréquents. Ils sont blancs, ronds et effilés aux deux extrémités; leur longueur varie de 2,5 à 12 cm. La majorité des chiots en sont infestés. Si votre Westie en est porteur, il pourra présenter des symptômes comme l'amaigrissement général et le gonflement du ventre. Il sera sujet à la diarrhée ou aux vomissements. On pourra même trouver des vers ronds dans le vomitus ou dans les selles. Chez les chiens plus âgés, les symptômes sont plus discrets; seule une analyse microscopique des selles confirmera le diagnostic, car le vétérinaire y trouvera les œufs des vers attestant la présence de parasites adultes dans l'intestin de votre Westie.

Les chiots sont traités de façon systématique. Les vermifuges d'usage courant sont habituellement efficaces contre les ascaris.

Le trichuris

Le trichuris (ver à fouet), deuxième parasite intestinal, mesure de 4 à 6 cm et vit dans le gros intestin. Une infestation massive entraînera des symptômes semblables à ceux qui sont présentés par l'infection aux ascaris.

Le ver à crochet

Le ver à crochet, troisième parasite interne, se fixe à la paroi intestinale et se nourrit de sang. Sa présence massive peut entraîner une anémie sérieuse.

Les ténias

Les ténias (vers plats) appartiennent à la famille du ver solitaire de l'homme. Il en existe plusieurs types qui varient selon «l'hôte intermédiaire» — une puce ou un rongeur par exemple — mais qui ne causeront généralement que peu de symptômes (léger amaigrissement et diarrhée occasionnelle). On peut retrouver des segments de ténias séchés, ressemblant à des grains de riz, autour de l'anus; dans ce cas, consultez votre vétérinaire qui prescrira le médicament adéquat.

Si vous avez décidé de nourrir votre chien avec de la viande crue, assurez-vous de sa provenance car il ne faut pas oublier que le ténia échinocoque vivant dans les viscères des porcs et des bovins peut vous contaminer. De même, le ténia margine, qui passe de l'état d'œuf à celui de larve dans l'estomac de certains porcs et moutons, peut présenter un sérieux danger pour votre compagnon. Méfiez-vous également des cervelles de bœuf et de mouton ainsi que des viscères de lapin et de lièvre.

En plus de ces différents vers intestinaux, d'autres infections telles que la coccidiose et la giardiose peuvent occasionner des désordres intestinaux. Les traitements diffèrent d'une maladie à l'autre; par l'analyse des selles, le vétérinaire pourra identifier le parasite en cause et soigner votre Westie.

Les maladies infectieuses

Votre Westie est susceptible de contracter certaines maladies infectieuses: la maladie de Carré (distemper), l'hépatite infectieuse, la parvovirose, la toux de chenil, la rage et la piroplasmose; elles peuvent être graves et souvent mortelles. Heureusement, il existe aujourd'hui des vaccins efficaces pour les contrer.

La maladie de Carré (distemper)

Cette maladie est sans doute la plus connue et, à juste titre, la plus redoutée par les propriétaires de chiens.

Contagieuse, elle frappe surtout les chiots élevés en grand nombre, car ils sont davantage exposés à la contagion. Il faut donc user de la plus grande prudence à l'égard de certains chenils ou boutiques d'animaux lorsqu'on désire acheter un chien.

La maladie de Carré est causée par un virus qui s'attaque à plusieurs systèmes vitaux, y compris le système nerveux. Ses symptômes sont nombreux: perte d'appétit, écoulement purulent du nez et des yeux, toux, vomissements et diarrhée. Si de rares chiots survivent à la «phase digestive et respiratoire», ils succomberont à l'invasion du système nerveux par le virus, après avoir souffert d'incoordination, de tremblements et d'une paralysie progressive. Les chiens adultes sont un peu plus résistants à l'infection et ont quelques chances d'y survivre, contrairement aux chiots. Pas d'affolement cependant: bien que la maladie de Carré soit relativement fréquente, les gastro-entérites et les bronchites — qu'on traite généralement avec succès — le sont encore davantage. La meilleure prévention réside dans la vaccination, qui a fait ses preuves depuis plusieurs années. La forte incidence des cas de mortalité encore causés par le distemper est entièrement attribuable au manque de prévention.

L'hépatite infectieuse

L'élimination presque complète de cette maladie a été rendue possible grâce à des programmes de vaccination efficaces. Cette maladie virale se rapproche beaucoup de la maladie de Carré tant par sa gravité que par ses symptômes. Par contre, elle ne cause pas de paralysie et n'est pas toujours fatale. La seule façon de l'éviter reste encore le vaccin, qui est habituellement combiné à celui de la maladie de Carré.

La parvovirose

Cette grave maladie, apparue seulement depuis quelques années, est également causée par un virus provoquant une gastro-entérite sérieuse et souvent fatale, surtout chez les jeunes sujets.

Les symptômes sont alarmants: fièvre, perte d'appétit, vomissements, abondante diarrhée et déshydratation subséquente. Si votre chien présente des symptômes gastro-intestinaux douteux, emmenez-le sans tarder chez votre vétérinaire. Des traitements de support pourront peut-être lui sauver la vie. Il existe heureusement depuis quelques années un vaccin très efficace pour prévenir ce fléau.

La rage

Cette terrible maladie était, avant que Pasteur ne découvre le sérum antirabique, le cauchemar de tous les propriétaires d'animaux. Bien que la rage ne soit pas totalement enrayée, elle est maintenant maîtrisée et vous pouvez désormais immuniser votre chien. Néanmoins, il est absolument nécessaire que vous sachiez reconnaître les symptômes de cette maladie virale très contagieuse, qui peut frapper tout animal à sang chaud, l'homme y compris, et qui s'attaque au système nerveux des victimes, entraînant des changements de comportement — une plus grande agressivité par exemple — suivis de paralysie et de la mort.

Un des premiers symptômes de la rage est le besoin de solitude de votre chien. On ne peut toutefois s'y fier entièrement puisque ce besoin se manifeste également dans d'autres maladies. L'inverse peut d'ailleurs se produire: votre chien peut devenir soudainement joyeux. Il faut distinguer la rage furieuse de la rage muette. S'il a la *rage furieuse,* le chien aboie et mord; furieux et menaçant, il voudra mordre les personnes et les objets, au risque de se briser les dents. S'il a la *rage muette,* il restera calme, sans aboyer, la gueule ouverte; il deviendra insensible à la douleur.

Dans les deux cas, il s'éloignera instinctivement de la maison, et vous ne le reverrez pas avant deux ou trois jours. Pendant ce temps, il errera et avalera n'importe quoi et du sang sera mêlé à ses selles. Il cherchera à boire, tourmenté par la soif. Il ne reviendra dans la maison de son maître que pour y mourir. Ses paupières s'abaisseront; il aura le regard vitreux et fuyant. Il tentera de se gratter la gorge comme s'il avait avalé quelque chose. La paralysie commencera par frapper les membres postérieurs, puis s'étendra à tout le corps.

La seule façon de contracter la rage, tant pour votre chien que pour vous, c'est d'être mordu par un animal enragé ou d'entrer en contact direct avec sa salive. Le virus peut pénétrer par une plaie, même minuscule. Les principaux propagateurs de rage sont les renards et les mouffettes.

Ne confondez pas la rage avec une crise d'épilepsie. Pendant une telle crise, le chien aura également des convulsions, de l'écume aux lèvres, mais cela ne durera que quelques minutes et n'aura aucune commune mesure avec la rage. Après un examen minutieux, votre vétérinaire pourra déterminer en deux jours si votre chien est atteint ou non de la rage.

Si vous soupçonnez que votre animal est enragé, le mieux est de consulter rapidement votre vétérinaire qui établira la ligne de conduite appropriée. Il ne faut surtout pas tuer le chien en question, particulièrement s'il a déjà mordu quelqu'un.

Pour diagnostiquer la rage, votre vétérinaire mettra votre compagnon en quarantaine; si l'animal meurt naturellement ou par euthanasie, son cerveau sera examiné lors d'une autopsie.

On peut prévenir le développement de la maladie chez l'humain grâce à une série d'injections administrées le plus rapidement possible après la morsure. Si les signes cliniques sont déjà présents, la maladie est mortelle. Si vous êtes mordu par un animal sauvage ou errant, à l'allure bizarre, lavez et désinfectez la plaie immédiatement et ne tardez pas à consulter votre médecin. Néanmoins ne confondez pas un chaton un peu fou ou un peu trop enjoué, ou encore un chien de nature agressive, avec un animal enragé. Un programme de vaccination adéquat demeure le meilleur outil pour lutter contre la rage.

Les morsures de chiens

Le nombre de chiens augmentant sans cesse (en France seulement on en dénombre neuf millions), le nombre d'humains qui consultent leur médecin pour une morsure de chien est également à la hausse. L'Académie nationale de médecine estime que cet accroissement est lié non seulement à l'augmentation de la population canine, mais aussi à la recrudescence de la rage dans certaines régions. Les biopsies effectuées sur les morsures révélant une nouvelle diversité de la flore bactérienne, on en conclut qu'une plus grande variété de germes est désormais à incriminer.

Généralement, la plaie causée par une morsure de chien peut évoluer de deux façons: l'évolution bénigne, marquée par une réaction inflammatoire douloureuse, est la règle. En l'absence d'un traitement adéquat, la lésion dégénère et devient purulente.

Si vous êtes mordu par un chien, consultez votre médecin sans tarder. Il cherchera d'abord des indices d'une possible contamination rabique et vous traitera efficacement.

La piroplasmose

Le *piroplasma cani* est le parasite responsable de la piroplasmose (fièvre des tiques). Cette maladie semble inexistante en Amérique du Nord, mais elle fait des ravages en Europe.

Il s'agit d'une maladie du sang qui est contagieuse. Si vous vous y prenez suffisamment tôt, vous en viendrez facilement à bout. Mais si elle n'est pas rapidement soignée, votre Westie peut en mourir.

La tristesse et la fatigue sont les premiers symptômes de la piroplasmose. Votre chien perdra ensuite l'appétit et sa température montera à 40 ou 41 °C. Vous trouverez facilement sur le corps de votre chien malade des tiques vivantes et remplies du sang de leur victime, ce qui précisera le diagnostic. L'urine de l'animal prendra une teinte rouge foncé.

La guérison dépendra de la rapidité de votre intervention à partir du moment où vous aurez décelé les premiers symptômes de la maladie. La convalescence sera longue et durant cette période votre chien pourra souffrir de troubles néphrétiques ou hépatiques. Laissez-le se reposer durant deux ou trois semaines: pendant la maladie, la rate s'hypertrophie et peut éclater si votre Westie s'agite trop ou fait des exercices trop violents.

Il n'existait pas, jusqu'à ces derniers temps, de vaccination préventive. Une firme pharmaceutique française, l'institut Mérieux, vient de mettre au point le premier vaccin contre cette maladie qu'on a déjà commercialisé en France. Il devra permettre, dans un premier temps, de protéger les trois cent mille à quatre cent mille chiens qui, chaque année en France, souffrent de cette maladie, mortelle dans 5 p. 100 des cas.

En cas de maladie déclarée, seuls des traitements d'urgence effectués par votre vétérinaire pourront sauver votre animal de la jaunisse et souvent de la mort. On peut aussi prévenir cette maladie dans les régions où elle sévit en détruisant directement les tiques au moyen d'un insecticide efficace.

Les affections des yeux

Il est bon de rappeler quelles sont les parties externes de l'œil. La *cornée* est l'enveloppe transparente centrale qui recouvre la pupille et l'iris; la *sclérotique* est la partie blanche de l'œil; la *conjonctive* est la membrane transparente qui recouvre la sclérotique et tapisse les paupières; le *cristallin* est la lentille normalement transparente à l'intérieur de l'œil.

Les affections des yeux sont nombreuses. Citons la blépharite (inflammation des paupières), la kératite (inflammation de la cornée), la conjonctivite (inflammation de la conjonctive) et les cataractes (opacité du cristallin).

Les causes des affections oculaires sont aussi multiples: infection bactérienne ou virale, trauma, corps étranger, cancer, maladie métabolique — la cataracte diabétique par exemple — ou d'origine héréditaire — malformation des paupières, glaucome, atrophie de la rétine, cataracte — et autres.

Les yeux de votre Westie sont précieux, il faut donc éviter de vous improviser «ophtalmologiste» et soigner «à l'aveuglette» le problème oculaire de votre Westie. Il est important de consulter votre vétérinaire dans les plus brefs délais si vous croyez que votre chien souffre d'un problème oculaire. Il pourra ainsi émettre un diagnostic précis et prescrire les médicaments appropriés de façon à prévenir des complications désastreuses.

La conjonctivite

Il s'agit de l'inflammation de la conjonctive, qui devient rouge et gonflée. L'inflammation pourra être aiguë, chronique, catarrhale ou purulente. Pour la traiter, lavez l'œil atteint avec une solution boriquée en enlevant, si nécessaire, le pus à l'aide d'un tampon de gaze trempé dans de l'eau bouillie et tiède. Enlevez délicatement avec une pincette les cils qui auraient pu pénétrer dans l'œil. Si des poils gênent, coupez-les avec des ciseaux. Appliquez du collyre antibiotique toutes les deux heures et une pommade à base de sulfamides et d'antibiotiques pendant deux ou trois nuits consécutives. Espacez la médication au fur et à mesure que l'animal guérit. Gardez le chien à l'abri de la lumière, au repos et dans un endroit où il ne sera pas dérangé. En l'éloignant des sources de lumière, vous préviendrez une rechute possible.

L'entropion

Cette maladie est caractérisée par le renversement des paupières vers l'intérieur, contre la conjonctive. Les cils irriteront la conjonctive et provoqueront l'apparition d'une conjonctivite ou d'une kératite. La cornée sera ulcérée. Dans la plupart des cas, l'entropion est congénital. Vous vous adresserez à votre vétérinaire, qui soulagera votre compagnon par une intervention chirurgicale.

La kératite

Cette inflammation se traduit par une opacité partielle ou totale de la cornée. Lavez l'œil très soigneusement avec une solution boriquée. Appliquez localement une pommade ophtalmique à l'oxyde jaune de mercure ainsi qu'une pommade antibiotique, comme vous le conseillera votre vétérinaire.

La blépharite

Il s'agit de l'inflammation des paupières provoquée le plus souvent par un facteur externe et traumatisant comme une piqûre d'épine ou d'insecte ou une blessure. Nettoyez bien l'œil avec une solution boriquée à 3 p. 100. Appliquez des compresses tièdes de camomille pendant environ un quart d'heure, puis pour terminer, une pommade antiseptique sédative, à usage ophtalmique, selon l'usage commun.

Le glaucome

Cette maladie se caractérise par la dilatation de la pupille, l'opacité de la cornée et le durcissement du globe. Pour guérir votre Westie, vous devrez le faire hospitaliser. La guérison est, avouons-le, fort aléatoire.

La dégénérescence du pigment de la cornée

Il n'y a aucun traitement pour cette maladie. Il s'agit de l'infiltration d'un pigment brun et noir qui peut recouvrir partiellement ou complètement la surface de la cornée, comme si une membrane faisait le tour du globe oculaire.

L'ulcère chronique

L'ulcère chronique se manifeste sans infection ni suppuration interne. Soignez le chien avec des gouttes et une pommade à base d'antibiotiques et de cortisone, avec l'accord de votre vétérinaire, bien sûr. Mettez les gouttes le matin et la pommade le soir.

Il est très important de ne pas employer les gouttes et la pommade antibiotique si l'ulcère est infecté. Vous ne feriez que l'aggraver, car cela bloquerait l'action des mécanismes de défense de l'animal.

L'ulcère de la cornée

L'ulcère de la cornée est la maladie de l'œil la plus grave. Elle se caractérise par l'opacité de la cornée et la rugosité de sa surface. Vous décèlerez ces symptômes en regardant l'œil obliquement sous une lumière assez forte. Vous verrez une auréole grise autour de l'ulcère.

Cette auréole peut s'étendre à toute la cornée et à l'iris de l'œil.

Pour les *petits ulcères* d'environ 1 mm de long, administrez à votre Westie des gouttes antibiotiques toutes les trois heures et frottez l'ulcère avec une pommade à base d'antibiotiques trois fois par jour. Avant de commencer le traitement, vous devez avoir l'assentiment de votre vétérinaire.

Les *grands ulcères* sont accompagnés d'un rétrécissement de la pupille. Administrez quelques gouttes d'atropine une fois par jour, mais seulement après que votre vétérinaire vous en aura prescrit la dose exacte. Ce médicament devra être employé avec prudence afin que votre Westie n'en avale pas; ces gouttes sont très toxiques. Administrez-lui également aux deux heures des gouttes antibiotiques, après consultation du vétérinaire, et appliquez sur l'ulcère une pommade antibiotique le soir avant que votre chien n'aille dormir.

Les *ulcères très graves* peuvent couvrir un tiers, sinon plus, de la cornée et provoquer un rétrécissement de la pupille et une suppuration. Vous devrez administrer des gouttes d'atropine trois fois par jour et appliquer des compresses d'eau froide distillée mélangée à quelques gouttes antibiotiques, pendant environ 15 minutes toutes les deux heures et demie. Vous verserez en même temps des gouttes antibiotiques toutes les heures et demie. S'il n'y a pas d'amélioration, laissez votre vétérinaire prendre votre Westie en charge.

La cataracte

Cette maladie affecte principalement les chiens âgés. Elle peut également se manifester à la suite d'un traumatisme violent dû à une intoxication ou à d'autres maladies, comme le diabète. Les symptômes de la cataracte sont faciles à déceler: la pupille, normalement noire, devient blanche ou grise. Le traitement ne permettra pas, en général, de guérir votre chien; il ne pourra qu'enrayer l'évolution de la lésion. On fait actuellement des essais pour adapter aux chiens les techniques employées pour les humains; mais, même si l'opération réussit, on peut se heurter à des problèmes postopératoires et à l'impossibilité de remédier à l'absence de cristallin par des lentilles.

Les maladies de l'oreille

Il est conseillé de peigner soigneusement les oreilles du chien, qui peuvent retenir toutes sortes de parasites. Prenez également le temps de vous occuper du pavillon du conduit auditif. Servez-vous de cure-oreilles et d'un produit antiparasitaire, anti-inflammatoire et antibiotique que vous trouverez sur le marché.

L'otite externe

Il s'agit de l'inflammation du conduit auditif causée par le cérumen, la saleté ou l'introduction d'un corps étranger.

L'otite interne

L'otite interne est plutôt rare et il vous sera difficile de la distinguer de l'otite moyenne. Les principaux symptômes sont la fièvre, des troubles d'équilibre, une certaine surdité, une grande nervosité et des vertiges.

L'otite moyenne

L'otite moyenne est l'inflammation de la caisse du tympan provoquée par la présence d'un corps étranger ou par des lésions traumatiques. L'otite moyenne apparaît souvent comme une complication d'une otite externe.

L'otite parasitaire

Comme la gale, cette maladie est provoquée par la présence d'un parasite du même genre que l'acarien. Ce parasite, le *symbiotes auricularе,* se fige dans le conduit auditif. Il sera nécessaire de faire un examen microscopique pour être certain du diagnostic. Un Westie atteint d'une otite parasitaire se gratte énergiquement, secoue la tête et est parfois sujet à de véritables crises nerveuses.

Traitement général des différentes otites

Assurez-vous de manière préventive de la propreté du conduit auditif. Quand une otite moyenne se déclare et qu'elle est purulente, faites des instillations (goutte à goutte) d'antibiotiques et de sédatifs. Quand il s'agit d'une otite parasitaire, nettoyez d'abord l'oreille et soignez-la ensuite avec les médicaments prescrits pour la gale. Il peut être utile d'ajouter au traitement local un traitement général à base de sulfamides. Vous n'administrerez les médicaments qu'après avoir reçu l'accord du vétérinaire.

L'ulcère du pavillon

L'ulcère du pavillon se manifeste par de petites plaies sur le bord extérieur de l'oreille. Soignez votre chien avec une poudre cicatrisante et avec une solution désinfectante. Bandez son oreille afin qu'il ne fasse pas d'hémorragie.

Diverses maladies

L'épilepsie

Les causes de l'épilepsie sont multiples. La forme la plus commune est héréditaire. Les crises d'épilepsie débutent habituellement chez le «jeune adulte» et augmentent en fréquence avec les années. Dans la forme héréditaire, les crises sont associées à un mauvais fonctionnement d'une région précise du cerveau, sans pour cela être liées à une lésion spécifique.

Votre vétérinaire prescrira un anticonvulsivant (le phénobarbitol) pour prévenir les attaques.

Votre Westie devra en prendre pour le restant de ses jours, cette forme d'épilepsie étant malheureusement incurable.

Les crises sont imprévisibles: elles peuvent être fréquentes ou espacées. Une peur soudaine ou une trop forte excitation peuvent les provoquer.

Les crises épileptiformes les plus courantes sont du type «grand mal». Le chien tombe sur le sol en agitant convulsivement les pattes («pédalage»), son cou se replie vers l'arrière, il bave abondamment, roule des yeux, la gueule pleine de bave; ses pupilles se dilatent et deviennent totalement insensibles à la lumière. Cela ne dure qu'une ou deux minutes, mais peut vous sembler parfois interminable! Au cours d'une crise, n'essayez surtout pas de lui tirer sa langue car, contrairement aux humains, les chiens ne «l'avalent» pas, et vous risqueriez de vous faire mordre: durant ces moments, votre chien n'a pas conscience de ses gestes.

Ne confondez pas cette forme d'épilepsie avec l'épilepsie réflexe provoquée par des vers intestinaux ou par la constipation; celle-ci n'est pas dangereuse et disparaîtra avec sa cause. Votre vétérinaire vous aidera à la distinguer de l'autre forme.

Les autres causes de crises sont moins fréquentes: citons les traumas, les infections (encéphalites), les empoisonnements, le cancer, etc. Le traitement et le pronostic varient selon la cause.

La gastro-entérite

Il s'agit d'une inflammation de l'estomac (gastrite) et de l'intestin (entérite). Les causes sont diverses: parasites intestinaux, agents infectieux, changements d'alimentation, absorption de nourriture avariée, empoisonnements, etc. La gastro-entérite se manifeste par des vomissements et/ou de la diarrhée. En pareil cas, il faut faire jeûner l'animal pendant 24 heures et lui donner des glaçons ou de l'eau fraîche en petites quantités. Par la suite, il faut le nourrir fréquemment, par petites quantités, avec des aliments faciles à digérer comme le bœuf haché et le riz bouilli, et ce pendant quelques jours. Par contre, si le problème persiste ou s'il semble très sérieux, n'hésitez pas à consulter votre vétérinaire.

La bronchite

La bronchite peut s'attraper par temps humide ou froid. Elle peut aussi résulter de la complication d'un rhume. Vous remarquerez un échauffement de la truffe, une respiration difficile, une toux sèche et des yeux larmoyants.

Vous laisserez votre compagnon au repos dans un lieu protégé des changements de température et des courants d'air, tout en lui donnant des sirops balsamique et antibiotique (après avoir pris conseil de votre vétérinaire). Diminuez ses rations de nourriture. Au cours de sa convalescence, donnez-lui des aliments vitaminés et des fortifiants pour qu'il se rétablisse rapidement.

La dysenterie

Si vous remarquez qu'une diarrhée s'aggrave par des décharges liquides abondantes et des vomissements, votre chien est sûrement atteint de dysenterie. Commencez par le faire jeûner pendant 24 heures. Adressez-vous au vétérinaire afin qu'il prescrive un régime destiné à vaincre cette maladie.

L'obésité

L'obésité est un excédent de poids par rapport à la normale. Sauf pour les animaux qui hibernent ou les mammifères aquatiques, l'accumulation de graisse est toujours malsaine pour l'organisme.

Deux chercheurs britanniques, Edney et Smith, ont proposé en 1986 une classification de la corpulence chez les chiens:

Maigre: poids insuffisant, pas de graisse visible.
Mince: peu de graisse visible, structure du squelette apparente.
Optimum: présence normale de graisse, on peut palper les côtes mais on ne peut les voir; choisissez votre futur compagnon dans cette catégorie (les chercheurs ajoutent que ce critère n'est pas valable pour l'homme).
Gros: côtes non visibles quand le chien se déplace, difficilement palpables; poids légèrement supérieur à la normale.
Obèse: côtes non palpables; l'animal ne peut se mouvoir normalement et l'on peut saisir à pleines mains la graisse sous-cutanée.

Il est malheureusement assez courant de voir certains maîtres faire grossir volontairement leur Westie. Sachez que l'obésité entraîne, à moyen et à long terme, des pathologies articulaires, cardiaques et respiratoires; comme chez l'homme, l'obésité diminue l'espérance de vie. Il faut retenir que l'obésité provient d'un manque d'exercice et d'un excès ou d'un déséquilibre alimentaire. La castration prédispose à l'obésité; les femelles castrées y sont deux fois plus sujettes que les autres. Les facteurs génétiques interviennent, de même que la race: s'il y a peu de Fox-terriers et de Boxers obèses, le Basset hound, le Beagle et le Bulldog sont quant à eux prédisposés à l'obésité.

Si, pour quelque raison que ce soit, votre Westie a grossi anormalement, adressez-vous à votre vétérinaire. Avec un régime sain, votre chien redeviendra le Westie en pleine forme que vous aimez et qui fera tourner les têtes dans la rue.

Les rhumatismes

On connaît mal les raisons des affections rhumatismales qui frappent les articulations et les muscles: elles pourraient être propagées par un virus ou provenir des suites d'allergie ou d'uricémie. Même si votre Westie n'a pas du tout les articulations fragiles, vous devez néanmoins le surveiller attentivement.

Étant donné que les chiens adultes sont plus souvent atteints, on suppose que le mal est lié à l'âge ou au manque d'exercice. Les rhumatismes se logent surtout dans les muscles, le dos, les reins et le cou. Le traitement est simple: appliquez des doses de salicylate de sodium sur les régions douloureuses et administrez de petites doses d'aspirine. Gardez votre chien au chaud.

La tuberculose

Cette maladie peut frapper aussi bien l'homme que le chien. S'il mange les restes de table, l'animal peut être contaminé. Vous lui aurez certainement appris au cours du dressage à ne pas accepter d'aliments d'un étranger et à ne pas se nourrir inconsidérément de déchets.

La tuberculose est une maladie longue et souvent chronique. Le Westie maigrira au fur et à mesure que la maladie progressera; il perdra complètement l'appétit. Vous remarquerez que sa volonté s'anéantit graduellement, et parfois totalement. Sa température sera un peu plus élevée que la normale. En général, vous ne vous adresserez au vétérinaire que lorsque les symptômes deviendront plus graves: une respiration saccadée et plus rapide, des muqueuses très pâles, un amaigrissement et de la fatigue.

Il existe deux formes de tuberculose. La *tuberculose pulmonaire* se caractérise par la toux, par un écoulement nasal de pus et une pleurésie accompagnée de forte transpiration. La *tuberculose abdominale* se caractérise par un grossissement de la région du ventre, par de la diarrhée, un épanchement aqueux dans les parois intérieures de l'abdomen et un manque d'appétit.

Au début de la maladie, la température est d'environ 39,5 °C. La tuberculose est difficile à détecter et peut aisément être confondue avec d'autres maladies du système respiratoire ou gastro-intestinal. Une maigreur inhabituelle, l'apparition de cavités sur le crâne et l'atrophie musculaire signaleront avec sûreté que votre chien en est atteint. Afin d'en être certain, demandez à votre vétérinaire d'effectuer un examen microscopique du bacille de Koch, présent dans les sécrétions nasales et dans le liquide péritonal. La guérison n'est jamais assurée: le traitement est long et difficile. Peut-être devrez-vous abréger les souffrances de votre compagnon.

La constipation

Une alimentation mal équilibrée et le manque d'exercice peuvent constiper votre chien. Faites-lui prendre de l'huile de vaseline ou de l'huile d'olive, mais ne lui administrez pas de purge ou de laxatifs: cela pourrait aggraver le mal en irritant la muqueuse intestinale.

Le tétanos

Cette maladie est causée par le bacille de Nicolaier qui se développe dans une plaie. Le tétanos est plutôt rare chez les chiens, mais vous devrez vous méfier des plaies souillées de fumier, de terre ou d'autres éléments. Dans ce cas, faites faire une injection de sérum antitétanique. Vous pouvez également, pour être tout à fait rassuré, faire vacciner votre Westie avec de l'anatoxine antitétanique, découverte par le bactériologiste Ramon.

Le diabète

Il y a deux sortes de diabète: le *diabète méllitus* et le *diabète insipide.* Le *diabète méllitus* provient d'une grande perturbation du métabolisme du chien: le pancréas ralentit sa production d'insuline ou cesse complètement d'en élaborer; au lieu de nourrir les tissus, le sucre est alors éliminé dans les urines. Votre chien aura encore de l'appétit mais il s'affaiblira au fur et à mesure que la maladie évoluera. Il aura de plus en plus faim et soif. La peau deviendra sensible aux infections et aux lésions, qui se cicatriseront plus lentement.

Votre vétérinaire prescrira des piqûres quotidiennes d'insuline dosées selon la taille et le poids de l'animal. Évitez de lui donner des aliments farineux ou sucrés, quels qu'ils soient. Si vous ne traitez pas le diabète mellitus, votre chien entrera dans le coma diabétique qui précède la mort.

Le *diabète insipide* provient de lésions des centres nerveux ou des suites d'une autre maladie qui aura affaibli l'animal. Son urine sera abondante et claire. Il maigrira progressivement et n'arrivera jamais à étancher sa soif. Il s'affaiblira et connaîtra de longues périodes de somnolence. Votre vétérinaire lui prescrira des toniques et de petites doses de stéroïdes. Armez-vous de beaucoup de patience, le traitement sera long.

La nervosité excessive

Si votre chien ne dort plus, aboie continuellement et devient agressif tout en ayant l'air en bonne santé, vous devrez le faire soigner pour des troubles d'ordre psychologique. Ces troubles peuvent survenir au cours d'un voyage, d'un déménagement ou lors de l'achat de votre Westie, et seront atténués grâce à un sédatif. S'ils dégénèrent en convulsions ou en crises nerveuses graves, adressez-vous sans tarder au vétérinaire.

Les maladies de la femelle

La grossesse nerveuse

Le Westie femelle pourra se comporter, pareillement à toute chienne d'une autre race, comme si elle était enceinte, sans avoir eu de rapports avec un mâle. Elle oubliera de se nourrir, elle gémira et se mettra à préparer une couche pour les prétendus futurs nouveau-nés. Ses mamelles pourront même gonfler. Bien que la grossesse nerveuse se produise rarement, dans un cas semblable, adressez-vous au vétérinaire. Il décidera, avec vous, s'il y a lieu de pratiquer l'ablation des ovaires et de l'utérus.

Les kystes ovariens

Les kystes ovariens sont plutôt rares chez la chienne parce que les follicules restent liquides. Si votre chienne est atteinte, elle sera en chaleur de façon permanente et ne pourra probablement pas procréer. Le vétérinaire devra pratiquer l'ablation des ovaires et de l'utérus pour la guérir.

L'éclampsie

Quand la chienne est prête à mettre bas, et encore plus souvent après la naissance de ses chiots, elle peut avoir une crise semblable à une attaque d'épilepsie. Elle se balance d'abord, puis tombe sur le côté; ses pattes deviennent raides, elle les lance dans le vide et commence à baver.

Tous ces symptômes peuvent disparaître comme ils sont venus, mais comme il n'est pas possible de prévoir une rechute, il vous faudra appeler votre vétérinaire qui prescrira un calmant ou des sels de calcium sous forme d'injection. Il décidera également s'il est bon que la chienne continue l'allaitement; le surplus de calcium pourrait en effet leur être néfaste.

La mammite

La mammite, ou mastite, est l'inflammation d'une ou de plusieurs mamelles. Cette inflammation est causée par un coup, une infection bactériologique ou une congestion; elle provoque la lésion du mamelon. Ce sont souvent les chiots qui en sont responsables, surtout si la mère n'a pas suffisamment de lait. La chienne fuit alors ses petits pour éviter la douleur causée par la succion de ses mamelles. Le vétérinaire soignera votre Westie avec des médicaments à base d'antibiotiques.

La vaginite

Au cours d'une saillie, le pénis du mâle peut causer des lésions au vagin. La vaginite peut également survenir après la mise bas. Vous remarquerez que votre chienne devient nerveuse et qu'elle perd du sang par la vulve. Le vétérinaire lui fera suivre un traitement antibiotique adéquat.

La métrite

La métrite est une inflammation de l'utérus causée par la rétention des enveloppes fœtales ou simplement par la mise bas elle-même. Vous remarquerez une sécrétion liquide malodorante et sanguinolente. La chienne n'aura plus d'appétit, s'affaiblira physiquement et perdra du lait; sa température montera parfois jusqu'à plus de 40 °C. Consultez aussitôt votre vétérinaire, qui prescrira les médicaments appropriés ainsi que des antibiotiques qui feront baisser la fièvre.

Lorsque la chienne met bas, la propreté de sa couche et de ses parties génitales sont les meilleures mesures de prévention contre la métrite.

La vulvite

Les causes de la vulvite sont les mêmes que celle de la vaginite. La partie externe du vagin, la vulve, s'enflamme. L'application d'une pommade à base d'antibiotiques devrait suffire.

Les maladies du mâle

L'altération du pénis

Deux cas peuvent se présenter: l'inflammation de l'extrémité du pénis provoquée par un traumatisme; la fracture de l'os pénien au cours d'un accouplement ou par suite d'un choc. Le vétérinaire devra être immédiatement consulté et administrera des antibiotiques dans le cas de l'inflammation ou opérera votre chien s'il y a fracture.

L'orchite

L'orchite est l'inflammation d'un ou des deux testicules de votre Westie. Elle est presque toujours causée par un choc aux parties génitales, mais peut quelquefois être provoquée par des microbes.

Pour soulager votre chien, appliquez des compresses chaudes et humides, imprégnées de sulfate de soude. Consultez votre vétérinaire s'il y a infection: il prescrira les antibiotiques appropriés.

La santé préventive

La santé préventive est basée sur l'utilisation des connaissances scientifiques et des outils médicaux actuels afin d'éviter la maladie. Ces précautions peuvent améliorer la qualité de vie et la longévité de votre compagnon. Il est tellement plus facile de prévenir que de guérir: en plus d'être bien moins coûteux, cela évite des souffrances inutiles à votre Westie.

La vaccination

Cette importante ressource de la santé préventive permet au chien d'échapper à plusieurs maladies infectieuses graves et parfois mortelles: la maladie de Carré (distemper), l'hépatite infectieuse, la parvovirose, la leptospirose, la toux de chenil et la rage. Votre Westie devrait sans faute être vacciné contre la maladie de Carré (distemper), l'hépatite infectieuse et la parvovirose. Ces vaccins sont d'ailleurs habituellement combinés pour en faciliter l'administration. Votre vétérinaire vous conseillera quant à l'importance de faire vacciner votre chien contre la toux de chenil ou la rage, selon leur incidence dans votre région ou encore selon l'environnement où vit votre Westie.

Le vaccin «apprend» à l'organisme à se défendre contre un microbe. On administre ce micro-organisme atténué en petites doses, de façon qu'il stimule l'immunité naturelle du chien sans toutefois le rendre malade. Si les vaccins apprennent à l'organisme à se défendre, il faut savoir que ce dernier a la mémoire relativement courte, d'où la nécessité des vaccins de rappel qui vont maintenir l'efficacité du système de défense de votre chien.

Les parasites

Comme nous l'avons vu auparavant, votre Westie peut devenir l'hôte d'une multitude de parasites internes et externes, tels les ascaris, les vers plats, les puces, les tiques, les mites d'oreille, etc. Des produits antiparasitaires, des vermifuges appropriés et un environnement propre amélioreront la qualité de vie de votre Westie.

En ce qui concerne les vers intestinaux, vous devez apporter un échantillon de selles à votre vétérinaire qui en fera un examen microscopique. Cela lui permettra d'identifier les œufs pondus par ces parasites et de prescrire un vermifuge spécifique.

Parmi les parasites externes, les puces représentent de loin le problème le plus fréquent et certainement le plus pénible à régler. On dit que pour chaque puce que vous apercevez sur votre chien, il y en a cent dans l'environnement. Il est donc aussi important de les extirper de l'environnement que de l'animal. Votre vétérinaire saura vous conseiller la façon de procéder et les produits nécessaires.

Un régime équilibré

Votre compagnon devrait recevoir un régime équilibré et en quantité adéquate pour lutter efficacement contre les infections et éviter l'embonpoint. Les besoins nutritifs du chien varient beaucoup selon son activité et son âge. En effet, un chien en croissance ou une chienne allaitant ses petits requièrent beaucoup plus d'énergie, de protéines et de minéraux qu'un vieux cabot paresseux.

La stérilisation

On peut considérer la stérilisation comme le moyen de prévenir toutes sortes de problèmes.

L'*ovario-hystérectomie* chez la chienne consiste en l'ablation des ovaires et de l'utérus. Cette chirurgie offre de nombreux avantages car elle met fin aux périodes de rut et à leurs conséquences désagréables telles que les fugues et les gestations non voulues; de plus, cette intervention élimine les risques d'infection ou de cancer de l'utérus et des ovaires et diminue l'incidence du cancer des glandes mammaires lorsque le chien la subit en bas âge. Son seul désavantage potentiel est d'augmenter la tendance à l'obésité, car votre chienne peut développer des habitudes sédentaires. Si la quantité de nourriture que vous lui donnez est adéquate, vous préviendrez facilement ce problème. (Relisez le paragraphe sur l'obésité.)

La *castration* chez le chien consiste en l'ablation des testicules. Les avantages sont nombreux: diminution du vagabondage et de l'agressivité à l'égard des autres chiens mâles, réduction des problèmes de prostate liés à l'âge et de l'incidence de certains types de cancers reliés à la sécrétion d'hormones mâles.

Les chiens et les chiennes stérilisés ne sont pas des animaux dénaturés pour autant. Libérés du «fardeau» de l'instinct sexuel, votre animal sera plus détendu et plus friand de caresses.

La bonne conduite

Lors de la première mise bas, la portée est de un à quatre chiots.

Ses activités

Cela peut sembler étrange, mais la toute première fonction du Westie est d'être le petit chien de compagnie par excellence. Vous pourrez aussi le dresser pour en faire un chien de garde ou plutôt un chien «de prévention». En effet il peut, de sa voix claire, vous prévenir de l'intrusion d'un malfaiteur et vous donner le temps de prendre les mesures nécessaires pour vous protéger. Le Westie aime aussi courrir à en perdre haleine afin de pourchasser tout animal qui oserait s'aventurer dans «son» jardin.

Mais sa véritable vocation, de nos jours, est d'être un compagnon idéal qui se plaira à vous accompagner dans tous vos déplacements. Chaque fois qu'on vous fera un compliment à son sujet, il lèvera sa petite tête ronde vers vous comme pour vous rappeler que les compliments s'adressent autant à lui qu'à vous: à lui pour sa beauté et le toilettage parfait de son poil, et à vous parce que vous avez eu l'intelligence de le choisir!

Marchez avec lui en le tenant par la laisse pour refréner son envie soudaine de courir après un chat; vous lui expliquerez que cela ne se fait pas entre animaux «civilisés» et il vous obéira probablement jusqu'à la fois suivante.

Ne blessez jamais son amour-propre qui est énorme. Ne lui parlez pas de sa petite taille puisqu'il se croit grand et fort. Curieusement, il ne craindra pas d'affronter les chiens beaucoup plus gros que lui; il les fera même reculer! Les «colosses» s'en retourneront, la queue entre les pattes, afin de trouver une proie plus facile à humilier!

Vous le dresserez en tenant compte de sa vive intelligence, de son esprit d'indépendance et de son amour-propre qui peut le rendre assez têtu à l'occasion.

Dressez-le fermement et signalez-lui ses bévues d'une voix sèche mais pas trop autoritaire. Ne le laissez pas faire le pitre pendant les leçons de dressage car rien ne peut remplacer un exercice fait à la perfection. Faites-lui comprendre dès les premières leçons l'importance de la discipline et il saura vous obéir.

Promenez-le souvent et n'épargnez pas vos efforts; votre Westie a besoin d'air et si vous ne le sortez pas assez souvent, il pourra devenir irascible et sa santé pourrait même se détériorer. Faites-lui faire beaucoup d'exercice et si vous avez la chance d'avoir un grand terrain, laissez-le courir tout son soûl. Il sera sans doute le chien le plus heureux du monde...

Son dressage

Le début du dressage

Pour être un chien équilibré, votre Westie a besoin d'être dressé d'une main ferme. Vous remarquerez, une fois le dressage terminé, combien votre compagnon est fier de pouvoir accomplir ce que vous lui ordonnez. Il apprend vite tout ce que l'on veut bien lui enseigner. Il est curieux de tout et toujours sur le qui-vive. Peu importe sa taille, il pourra être un bon chien de garde si vous le désirez. L'amour qu'il vous porte et son intelligence vous faciliteront son dressage. Vous aurez cependant un long chemin à parcourir avant d'arriver au résultat final du dressage.

Si vous ne vous sentez pas la force de dresser vous-même votre chien, nous vous conseillons de vous faire aider par un dresseur professionnel, que vous aurez choisi avec discernement après avoir demandé conseil à votre entourage et surtout à un conseiller canin. Ces suggestions devront être prises très au sérieux.

La première partie du dressage du Westie vise à faire comprendre à l'animal les contraintes de la vie de tous les jours: ne pas aboyer quand on le lui défend, ne pas faire ses besoins là où c'est interdit, savoir rester tenu en laisse, ne pas voler, répondre à son nom, marcher près de vous quand vous le lui demandez, etc.

Certains dresseurs professionnels offrent un cours spécial destiné aux chiots âgés de deux mois et demi ou plus afin de leur inculquer ces notions et de les préparer au vrai grand dressage. Votre conseiller canin vous indiquera ces écoles.

La deuxième partie du dressage amènera le Westie à être physiquement et moralement prêt à obéir, à avoir un sens encore plus aigu de la propriété ou de la protection selon le but visé. Cette phase du dressage débute lorsque votre chien a environ sept mois.

Le Westie, comme tout autre chien, a besoin d'un maître, ne l'oubliez surtout pas. Il obéira à des personnes qui savent se faire respecter et lui donner des ordres clairs.

Si, au cours de l'apprentissage, votre chien devient hargneux ou tout simplement de mauvaise humeur, sachez que vous en êtes le seul responsable. Votre compagnon a besoin d'être dominé; prenez l'air sévère et donnez les ordres adéquats, mais restez toujours juste. Le Westie a bonne mémoire et pourrait vous garder rancune d'une injustice. Un éducateur habile peut lui faire comprendre beaucoup de mots différents. On peut même arriver, grâce à son intelligence, à ce qu'il réponde à certaines mimiques.

Ne compromettez pas l'avenir de votre chien et vos relations avec lui par un mauvais dressage; l'effort en vaut la peine.

Le dressage du chiot

Commencez par habituer votre chiot à satisfaire ses besoins à l'extérieur. Assignez-lui une place fixe à cet effet, un endroit qui restera le sien.

Ne grondez votre chien qu'au moment précis où il commet une bêtise, parce que, ce moment passé, il ne pourrait en aucune façon comprendre pourquoi vous le punissez. Sachez que votre Westie, comme d'ailleurs tous les autres chiens, ne peut lier la cause à l'effet que si ces deux actes sont simultanés.

Complimentez, récompensez votre jeune chien lorsqu'il fait ce que vous lui demandez. Cette méthode est excellente: votre chiot répétera les mêmes gestes pour recevoir une récompense et cette répétition en fera des gestes habituels.

Ne frottez jamais le museau de votre chiot sur le produit de sa bêtise; ce geste est totalement inutile, voire néfaste. Si votre chiot fait une bêtise, grondez-le immédiatement. S'il fait ses besoins là où c'est interdit, sortez-le pour lui montrer l'endroit qui lui est réservé. Votre Westie est rarement désobéissant, et il est propre par instinct. S'il renifle le sol ou cherche à s'isoler, emmenez-le tout de suite à l'endroit réservé à ses besoins.

Éduquer votre chien est une bonne chose, mais ce n'est pas suffisant: vous aurez également à éduquer votre famille; le chiot copie tout et il ne faudra donc pas lui donner de mauvais exemples.

Dresser un chien de façon approximative n'a jamais rien donné de bon. Si vous décidez de faire dresser votre Westie par des spécialistes, vous devez savoir qu'un bon dressage pourrait vous coûter deux ou même trois fois le prix payé pour le chien. Mais il s'agit d'un investissement rentable si vous tenez compte des services que vous rendra votre compagnon. Votre Westie, en devenant un chien dressé à la perfection, justifiera aisément vos dépenses; de plus, vous aurez la satisfaction d'être le maître d'un chien convenablement dressé dont vous pourrez être fier.

Nous vous donnons le détail d'un dressage que vous pouvez effectuer vous-même. Il vous donnera des résultats satisfaisants si vous le faites avec un sérieux sens de l'éducation.

Les principes

Vous aurez à cœur d'appliquer les différents principes qui suivent si vous voulez que l'éducation de votre Westie progresse avec efficacité. Quelle que soit la taille de votre chien, il est bon de lui parler en vous mettant à genoux; ainsi pourra-t-il observer facilement votre visage, vos mimiques et l'expression de vos yeux, laquelle se voudra pleine de détermination et de... douceur!

1. Les ordres doivent être donnés de manière que le chien puisse associer le ton de votre voix à leur exécution. Le chien ne pouvant saisir la signification des mots prononcés, il obéira donc à l'intonation. Il est absolument nécessaire de faire comprendre à votre chien le lien entre l'ordre donné et l'exécution de l'exercice. Vous y arriverez à force de patience et surtout de répétitions; ne changez surtout pas le ton de votre voix; ayez toujours le même ton pour le même ordre. Pour un exercice comportant un seul mouvement, l'ordre doit être donné sur un ton sec et avec des mots courts; l'ordre pour une série de mouvements sera formulé sur un ton plus amical et avec des mots plus longs. N'oubliez pas que votre Westie est un animal extrêmement sensible et que si vous lui donnez un ordre lorsque vous êtes énervé, vous provoquerez chez lui la confusion et le doute.
2. Commencez le dressage par les exercices les plus faciles. Ne commencez pas une nouvelle phase du dressage avant que la phase précédente ne soit totalement assimilée.
3. Chaque leçon de dressage se terminera quand le chien aura correctement accompli l'exercice; vous ne

devez jamais l'interrompre au milieu d'un exercice. Si vous voyez que votre chien est fatigué, soyez suffisamment habile pour arrêter la leçon dès qu'il aura accompli l'exercice de façon satisfaisante. N'oubliez pas de le féliciter. Quand l'exercice est composé de plusieurs mouvements et que votre chien n'a pas bien compris ou n'exécute pas correctement une partie de cet exercice, faites-le-lui répéter au complet et non pas seulement cette partie: vous devez obtenir un enchaînement parfait de tous les mouvements qui le composent.

4. Lorsque vous donnez un ordre, soyez gai, énergique et dynamique. Donnez l'exemple à votre chien. Évitez les mauvaises manières et les gestes d'impatience.
5. Vous devez faire répéter les exercices dans des endroits différents afin que l'environnement n'influence pas votre Westie. Quand les premiers exercices d'obéissance auront été assimilés, passez à des exercices plus difficiles.
6. Il est bon, avant de commencer une leçon, de laisser votre compagnon satisfaire ses besoins physiologiques; laissez-lui quelques minutes de liberté à cet effet.
7. Établissez un horaire pour le dressage du chien. Le meilleur moment est avant ses repas. Il considérera ainsi la nourriture qu'il reçoit comme une récompense pour avoir bien accompli ses exercices. N'amenez jamais votre Westie sur le terrain d'exercices juste après les repas; le chien réagirait avec paresse et sans enthousiasme aux ordres que vous lui donneriez.
8. Si vous vous sentez nerveux, il vaut mieux renoncer à la leçon et la reporter à plus tard; dans cet état, vous n'obtiendriez rien du chien et vous risqueriez même de compromettre ce que vous avez réussi jusque-là.

9. Comme tout un chacun, votre Westie peut ne pas avoir envie de travailler ou être indisposé pour une raison quelconque. Observez toujours votre chien attentivement avant chaque leçon pour déceler s'il est ou non «d'humeur» à faire ses exercices. Traitez-le avec affection et humanité, préoccupez-vous de sa santé et décidez s'il est préférable de commencer la leçon ou de la remettre à plus tard.
10. Examinez tous les jours les pattes, les ongles et les espaces interdigitaux de votre Westie; soignez-le si vous remarquez des piqûres, des lésions ou toute autre blessure mineure.
11. N'utilisez pas le collier clouté pour punir votre chien; ce collier ne devra être employé qu'avec un chien particulièrement rebelle ou au caractère extrêmement difficile; rassurez-vous, ce genre de caractère ne se rencontre que très rarement chez les Westies. Si, malgré tout, tel est le cas, tirez faiblement sur la laisse tout en lui expliquant pourquoi vous le punissez. Le collier clouté ne doit être que rarement employé et uniquement si vous n'avez pas d'autre moyen pour lui faire comprendre que la désobéissance ne paie pas et doit être punie; mais agissez toujours avec circonspection.
12. Ne vous laissez pas prendre au dépourvu par votre chien. Essayez de deviner pourquoi il ne veut pas faire un exercice: il est préférable que vous ne lui fassiez pas faire plutôt que de le laisser en prendre la décision.
13. Si votre chien refuse d'exécuter un exercice alors qu'il en est capable, grondez-le sévèrement *immédiatement* et ordonnez-lui de l'exécuter. Par contre, si votre chien s'est trompé parce qu'il n'a pas compris, faites-lui répéter l'exercice sans le gronder.
14. Ne prononcez pas de longues phrases en donnant des ordres à votre chien; il ne les comprendrait pas. Peu de mots sur un ton impératif sont préférables.

15. Quand votre élève a bien travaillé, récompensez-le par quelques tapes affectueuses sur le cou avec le plat de la main; faites-lui faire une petite halte dans son entraînement; offrez-lui une friandise, mais pas trop souvent, cela n'est guère conseillé pour sa forme et sa santé.
16. Comme nous l'avons expliqué pour le chiot, vous ne devez jamais interrompre une leçon avant que votre chien n'ait terminé l'exercice que vous lui avez donné à faire. Si vous le faites, même une seule fois, vous créerez une habitude d'indiscipline et de désobéissance qu'il vous sera difficile, par la suite, de lui faire perdre.
17. Si vous avez décidé de dresser vous-même votre chien, vous ne devez jamais, au grand jamais, vous faire remplacer pendant le dressage. La personne qui prendrait votre place pourrait faire une erreur qu'il vous serait, par la suite, pratiquement impossible de corriger, le Westie apprenant une fois pour toutes.
18. Ne faites pas un clown de votre chien en montrant à vos amis ce qu'il sait faire par des exhibitions d'habileté. Ce serait une grande erreur de transformer en jeu ce qui doit être, pour votre chien, un travail.
19. Lorsque vous aurez terminé la leçon de dressage, ne donnez pas tout de suite à boire au chien; attendez qu'il soit calmé.
20. Après la leçon et avant de le libérer, brossez-lui et frottez-lui énergiquement le dos, l'arrière-train et la poitrine avec une serviette destinée à cet usage. Laissez-le se détendre et satisfaire ses besoins physiologiques.

Le dressage

La première chose à faire lorsque vous décidez de dresser votre chien est d'établir une liste des exercices qui conviennent le mieux à son activité future, c'est-à-dire à la «profession» à laquelle vous le destinez. Vous observerez bien vite que votre Westie est un animal que vous pouvez dresser facilement. Il est très intelligent, apprendra vite ses leçons et les mémorisera aisément.

Quoi qu'il en soit, vous avez acheté un chien pour en faire un ami et un gardien capable de vous rendre certains services. Il sera votre compagnon, mais pas votre chien de cirque: entraînez-le donc sérieusement et non pour faire l'amusement de vos amis.

Sachez que vous n'apprendrez absolument rien de nouveau à votre chien: il accomplit déjà tous les exercices mais à son propre avantage; il se couche et s'assied, il saute, attaque, se défend et rapporte des objets.

En fait, dresser un chien, c'est l'amener à utiliser son savoir-faire, ses aptitudes et ses capacités quand il en reçoit *l'ordre* et non selon son humeur. En d'autres mots, nous exploitons les possibilités du chien à notre profit, pour qu'il nous vienne en aide en cas de besoin, par exemple.

Ne commencez pas le dressage proprement dit avant que votre chien n'ait atteint l'âge de huit mois; neuf mois est l'âge idéal. Il faudra attendre son premier anniversaire avant de lui faire exécuter des exercices d'attaque et de saut. Le faire avant cet âge comporte des risques de fractures ou de luxations, son ossature n'étant pas encore suffisamment solide. Consultez votre vétérinaire qui saura vous dire si vous pouvez commencer ou non le dressage en considérant l'état du développement de l'animal.

Comme pour tout autre travail, vous aurez besoin, pour le dressage de votre Westie, d'une série d'instruments qui vous seront utiles pour la plupart des exercices:

- un collier de cuir;
- un collier en chaînette métallique à nœud coulant;
- un collier clouté;

- un harnais et une laisse à mousqueton d'environ 6 m;
- une laisse de dressage en cuir de 1,50 m pourvue d'un mousqueton;
- une muselière en cuir à trame serrée;
- un fouet en cuir dur de 1 m (genre cravache);
- un bâtonnet de 25 à 30 cm de long;
- une corde en plastique de 10 m avec des crochets permettant d'en réduire la longueur selon les besoins;
- un vêtement pour l'attaque en toile assez épaisse, rembourré et doublé de cuir;
- un revolver tirant à blanc et à forte détonation, mais ressemblant à une arme véritable;
- une brosse;
- un petit grattoir métallique;
- une serviette épaisse et raide;
- un cercle de 80 cm de diamètre avec un socle réglable jusqu'à environ 1,50 m;
- un obstacle de 10 cm à 1,50 m.

Voyons maintenant quel usage vous ferez de ce matériel:

Le *collier métallique à nœud coulant* peut être fixe ou mobile. Il est utilisé dans les exercices où le Westie est tenu en laisse, pour le rappeler ou pour lui faire comprendre qu'il a mal exécuté un exercice.

Le *collier clouté* devra être employé avec beaucoup de mesure et de prudence. Il s'agit d'une punition très douloureuse, car le cou est une partie délicate du corps de l'animal. Ce collier ne devrait être utilisé que pour mater un chien agressif, très rebelle ou paresseux qui mérite une bonne punition.

Le *harnais* et la *laisse à mousqueton* sont utilisés lors des exercices en plein air lorsqu'il s'agit de retrouver une personne. Ils vous permettront de suivre à distance le chien lancé sur les traces de la personne recherchée.

La *laisse de dressage en cuir* est l'instrument de correction lors des exercices. Elle peut aussi servir de signal pour les exercices à distance.

Le *fouet en cuir* du genre cravache sert à provoquer le chien pendant les premiers exercices d'attaque. Employez-le plus pour le menacer que pour le frapper. S'il se sent menacé, votre chien réagira vivement; vous le mettrez encore plus en colère en lui donnant quelques coups, mais très légers.

La *muselière en cuir à trame serrée* est utilisée avant que votre chien ne soit entraîné à obéir à l'ordre de «lâcher prise». Vous l'emploierez donc dans les premiers exercices d'attaque et de garde d'objets.

Le *bâtonnet* est utilisé pour apprendre au chien à rapporter des objets et à les sortir de l'eau. Vous l'utiliserez également pour lui enseigner le sauvetage de personnes tombées à l'eau.

La *corde en plastique ou en chanvre* est parfois utilisée dans les exercices de recherche de personnes et plus particulièrement lors d'exercices où le Westie doit parcourir de longues distances.

La *chaîne métallique* est utilisée lors des tout premiers exercices d'attaque. Vous pourrez également vous en servir pour attacher votre chien à un poteau ou à un arbre ou pour éviter qu'il n'agresse un soi-disant malfaiteur.

Le *vêtement pour l'attaque* doit être endossé par la personne qui joue le rôle de l'agresseur durant des exercices d'attaque libre sans muselière ni laisse. Ce vêtement servira à protéger «l'agresseur» contre les attaques du chien entraîné à devenir un gardien.

Le *revolver à blanc* habitue le chien au bruit des détonations et stimule son instinct de gardien. Il habitue l'animal, au premier signe de la présence de malfaiteurs, à se diriger vers l'endroit d'où la détonation est partie.

La *brosse,* le *grattoir* et la *serviette* servent à la toilette du chien. Brossez-le à la fin de chaque leçon. Utilisez avec précaution le grattoir: servez-vous-en pour nettoyer sa robe. Frictionnez le poil et la peau du chien avec la serviette. Ces opérations favorisent la circulation du sang, la relaxation des muscles et la détente.

Le *cercle à socle réglable* est utilisé pour donner au chien l'habitude de sauter dans différentes situations. Commencez par lui faire exécuter le saut dans un cercle simple pour en arriver, progressivement, à le faire sauter dans un cercle enflammé.

L'*obstacle démontable et réglable* permet aussi au chien d'apprendre à sauter des obstacles quand les circonstances le lui imposent ou lorsque vous le lui demandez.

Les différents exercices

Exercice: la marche au pied

Les ordres:	«au pied» et «va».
Le matériel:	le collier à nœud coulant et la laisse de dressage.
Les punitions:	pour une erreur légère: «non», d'une voix douce; pour une erreur sérieuse: «pfft», d'une voix sèche et sévère.

Le but de cet exercice est d'apprendre au chien à vous suivre, quel que soit le parcours, tout en restant à vos côtés, toujours à votre gauche, sans vous dépasser ni rester en arrière. À la fin de cet exercice, votre compagnon saura marcher correctement en laisse sans tirer sur le collier.

Mettez-lui le collier à nœud coulant auquel vous aurez fixé la laisse de dressage. Placez le chien à votre gauche, de telle façon que son épaule soit à la hauteur de votre genou et que ses pattes soient au niveau (plus ou moins) de la pointe de vos chaussures. L'espace entre votre genou et le chien devra être d'environ 10 cm. Veillez à ce que la ligne de la colonne vertébrale de votre chien demeure parfaitement perpendiculaire à la verticale de votre jambe. Il faudra que votre chien s'habitue à marcher droit et qu'il ne prenne pas la mauvaise habitude de marcher obliquement.

Au moment de commencer l'exercice de la marche au pied, tenez la laisse dans votre main droite; votre main gauche doit être près du mousqueton, toujours prête à diriger les premiers essais de votre chien. Votre Westie, qui aura toujours été libre de ses mouvements jusqu'à ce moment-là, sera étonné, mais n'y faites pas attention. Ordonnez-lui: «au pied» afin qu'il prenne la position correcte; ensuite, ordonnez-lui: «va» pour commencer la marche. Il est très important, lorsque vous donnez l'ordre «au pied», de vous frapper en même temps la cuisse gauche. Faites un signe de la main qui indiquera le moment du départ en donnant l'ordre «va».

Votre chien commettra quelques erreurs lors de ses premières tentatives; aidez-le en lui faisant répéter l'exercice, en corrigeant ses erreurs sans vous mettre en colère. Si votre chien s'éloigne de votre genou, corrigez-le en lui faisant recommencer l'exercice le long d'un mur.

Exercice: assis

L'ordre:	«assis».
Le matériel:	le collier à nœud coulant et la laisse de dressage.

Le lieu de l'exercice: la piste.

Cet exercice a pour but de lui apprendre à s'asseoir lorsque vous lui en donnez l'ordre. Ordonnez-lui: «au pied», puis: «assis» en appuyant sur sa croupe pour le forcer à s'asseoir tout en lui maintenant son menton dans la bonne position. Apprenez-lui ensuite à répondre aux signaux. Mettez-vous au garde-à-vous et ordonnez-lui: «assis» tout en étendant le bras droit de façon qu'il forme un angle droit avec votre corps. Le chien comprendra rapidement que le bras tendu et l'ordre «assis» ont la même signification.

Exercice: aboiement sur ordre

Les ordres: «aboie» et «assez».
Le matériel: le collier à nœud coulant et la laisse de dressage.

Attachez votre chien avec sa laisse à un poteau ou à un arbre. Placez-vous devant lui et, avec l'index pointé dans sa direction, donnez-lui l'ordre «aboie» et menacez-le en agitant l'index. Évidemment, le chien ne réagira pas. Éloignez-vous. Le chien ne pourra pas vous suivre puisqu'il est attaché; il protestera en aboyant. Il faudra alors vous retourner immédiatement en ordonnant à nouveau: «aboie» tout en agitant l'index. Félicitez-le.

Dès que votre chien répondra sans hésiter, habituez-le à aboyer dans une situation insolite ou un objet étrange.

Apprenez-lui à se taire; pour cela, serrez-lui le museau avec la main droite et répétez sans cesse: «assez». Dès qu'il aura réussi cet exercice, félicitez-le chaleureusement.

Exercice: appel au pied

L'ordre: «viens».
Le matériel: le collier à nœud coulant et la laisse de 6 m.

Vous avez sûrement déjà habitué votre chien à accourir vers vous dès que vous prononcez son nom. Cet exercice lui apprendra à se placer à côté de votre pied gauche ou devant, selon l'ordre que vous lui donnerez.

Pour cet exercice, tenez le chien en laisse. Lancez une pierre ou un autre objet loin de vous, mais pas à plus de 6 m, et dites-lui d'aller le chercher. Dès qu'il arrivera près de l'objet, donnez-lui l'ordre «viens» et tirez sur la laisse pour l'obliger à revenir. Caressez-le et félicitez-le.

Exercice: arrête

L'ordre: «arrête».
Le matériel: le collier à nœud coulant, la laisse de 6 m et un sifflet à ultrasons.

Cet exercice est important puisqu'il vous permettra d'empêcher votre chien d'attaquer sans raison. Donnez l'ordre «assis». Placez-vous face à votre chien et, après quelques instants d'immobilité, ordonnez: «viens» en levant le bras. Dès qu'il commence à s'approcher, ordonnez: «arrête» en étendant le bras droit, la paume de la main tournée vers l'avant.

Exercice: couché

L'ordre: «couché».
Le matériel: le collier à nœud coulant et la laisse de dressage.

Ordonnez à votre chien: «assis» et, dès qu'il sera en position assise, prenez la laisse dans votre main gauche, près du mousqueton qui la fixe au collier, et donnez l'ordre «couché». De la main droite, poussez-le par terre pour le forcer à s'étendre, les pattes antérieures allongées en avant, le ventre contre terre et les pattes postérieures repliées.

Exercice: debout

L'ordre: «debout».
Le matériel: le collier à nœud coulant et la laisse de dressage.

Ordonnez à votre chien: «assis», puis: «couché» et éloignez-vous. Il prendra automatiquement la position «debout» pour vous suivre. Faites de ce désir un ordre. Ordonnez au chien: «assis» et, après quelques instants, en restant immobile, ordonnez-lui: «debout». Votre chien devra se lever en soulevant ses pattes postérieures, sans bouger de l'endroit où il se trouve. Pour arriver à ce résultat, tenez la laisse de la main gauche, près du mousqueton, et préparez-vous à employer votre pied gauche comme levier, en le plaçant sous le ventre du chien, entre les pattes antérieures et postérieures. En donnant l'ordre «debout», tirez la laisse vers le haut et poussez du pied le ventre du chien dans la même direction en l'obligeant à se lever.

Exercice: la marche derrière le maître

L'ordre: «en arrière».
Le matériel: le collier à nœud coulant, la laisse de dressage et quelques brindilles sèches.

Mettez-lui sa laisse de dressage et donnez-lui l'ordre «au pied», faites-lui exécuter ensuite quelques exercices «assis», «couché» et «debout», puis de nouveau «assis». Demandez à votre compagnon de ne pas bouger et faites quelques pas jusqu'à ce que la laisse, que vous tenez dans votre main droite, soit tendue derrière vous. À ce moment-là, donnez-lui l'ordre «viens».

Votre Westie voudra prendre la position apprise «au pied», mais, à l'aide de quelques brindilles tenues dans votre main gauche, que vous agiterez derrière votre dos sans toucher son museau, empêchez-le d'avancer en lui donnant l'ordre «en arrière».

Exercice: le saut d'obstacles

L'ordre:	«saute».
Le matériel:	le collier à nœud coulant, la laisse de 6 m et l'obstacle réglable.

Placez les planchettes à une hauteur de 40 cm. Mettez-lui la laisse de 6 m, faites-lui prendre la position «au pied». Sautez l'obstacle en tirant sur sa laisse et en donnant l'ordre «saute». Votre chien franchira l'obstacle sans problème. Répétez l'exercice. Après lui avoir fait exécuter plusieurs fois l'exercice, ajoutez une planchette pour que l'obstacle ait environ 50 cm de hauteur. Félicitez-le chaque fois. Lorsqu'il se sera bien familiarisé avec cet ordre et cet exercice, faites-le-lui recommencer sans laisse et haussez l'obstacle de plus en plus selon les capacités de votre chien et, évidemment, selon sa grandeur. Ne haussez pas l'obstacle tant que votre compagnon n'aura pas sauté avec confiance la hauteur précédente.

Exercice: le rapport d'objets

Les ordres: «rapporte» et «laisse».
Le matériel: le collier à nœud coulant, la laisse de dressage et le bâtonnet.

Commencez par laisser votre animal jouer avec le bâtonnet afin qu'il s'y habitue. Lancez-le ensuite au loin. Il vous le rapportera avec joie. Reprenez-le et, sans jouer cette fois, donnez l'ordre «au pied» et faites une petite promenade, tout en gardant le bâtonnet dans votre main droite. Arrêtez-vous et faites le geste de l'offrir au chien; quand il voudra le prendre, donnez l'ordre «rapporte» tout en l'approchant de sa gueule.

Quand il aura appris à tenir l'objet dans sa gueule sans votre aide, vous pourrez lui donner l'ordre «laisse» tout en enlevant le bâtonnet de sa gueule et en le caressant pour le féliciter.

Exercice: la recherche et le rapport d'objets

L'ordre: «cherche et rapporte».
Le matériel: le collier à nœud coulant, la laisse de dressage et le bâtonnet.

Offrez au chien l'objet qu'il devra rapporter, mais ne le lui mettez pas dans la gueule. Tenez-le à distance et augmentez cette distance jusqu'à l'endroit où votre chien devra le ramasser. Dès que votre Westie saura comment faire pour rapporter l'objet et qu'il comprendra l'ordre, jetez le bâtonnet au loin et donnez l'ordre «cherche et rapporte». Lorsqu'il l'aura ramassé, donnez l'ordre «laisse». N'oubliez surtout pas de féliciter l'animal à chaque exercice bien fait.

Exercice: la recherche d'objets ou de personnes

Le flair, un des sens les plus développés chez le chien, lui permet de repérer facilement une présence étrangère près de son habitation.

Certains éléments lui facilitent la tâche:

- L'atmosphère fortement humide et le ciel couvert: les odeurs sont plus fortes et l'évaporisation, plus faible.
- Un sol plus chaud que l'atmosphère: les courants d'air sont faibles sinon inexistants.
- Les endroits où pousse beaucoup d'herbe et les endroits boisés: la végétation agit comme brise-vent.
- La nuit: les premières heures du jour et celles qui suivent le coucher du soleil, pendant l'été: l'évaporisation est plus lente.
- L'odeur de la personne perdue ou en fuite: plus l'odeur sera forte, plus votre Westie aura de la facilité à la retrouver.

Si, par exemple:

— elle transpire,
— elle sent le parfum,
— elle est sale,
— elle est blessée et saigne,
— elle a pris de l'alcool ou des médicaments.

- La rapidité: plus le temps s'écoule, plus il sera difficile pour votre compagnon de retrouver une trace.

Certains éléments rendront par contre la recherche plus difficile:

- Un soleil de plomb et de fortes chaleurs.
- Les pluies torrentielles.
- Les eaux courantes comme le gué d'un ruisseau.

- Les terres sablonneuses et siliceuses, un sol sec: le vent emportera des indices de recherche.
- Les vents forts et les ouragans; plus particulièrement, les vents secs et venant de l'ouest.
- Les terres remuées et les sols qui viennent d'être travaillés.
- La neige et le verglas qui recouvrent les traces.
- L'environnement urbain où toutes sortes d'odeurs se mélangent.
- Les surfaces très propres.

L'ordre: «va, cherche».
Le matériel: une balle de caoutchouc, du fromage, la laisse de 6 m, le harnais en cuir pour la recherche et une corde de 30 m.

Initiez votre chien à cet exercice très tôt, vers l'âge de quatre mois. Profitez des jeux pour lui lancer la balle de caoutchouc afin qu'il vous la rapporte. Au fur et à mesure, compliquez le jeu en lançant la balle dans un lieu caché mais connu du chiot. Passez la balle dans du fromage, faites-la-lui flairer, reprenez-la et faites-la rouler sur le sol pour laisser sur son parcours l'odeur du fromage. Commencez par lui donner l'ordre «va, cherche».

Apprenez ensuite au chien à vous retrouver alors que vous serez caché. S'il ne vous trouve pas, appelez-le jusqu'au moment où il découvrira votre cachette.

L'étape suivante consistera à suivre une piste préalablement tracée. Utilisez le harnais et la laisse de 6 m. Attachez le chien à un lampadaire, à un poteau ou à un arbre pour qu'il ne puisse pas vous suivre et faites-lui flairer un morceau de viande. Faites ensuite un parcours en ligne droite et piétinez soigneusement le tracé devant l'animal. Commencez par piétiner une surface d'environ 0,5 m^2. À la fin du parcours, déposez un objet que votre chien affectionne et retournez auprès de lui. Détachez-le et faites-lui flairer le terrain que vous avez piétiné en lui donnant l'ordre «va, cherche».

Il se mettra à flairer en suivant la piste jusqu'au moment où il trouvera l'objet. Ne manquez pas de le féliciter. Votre élève aura appris à chercher quelque chose dont vous avez besoin.

La deuxième étape de cet exercice consiste à lui apprendre que vous ne cherchez pas toujours la même chose. Demandez à quelqu'un que votre Westie connaît bien de vous aider: un enfant du voisinage, par exemple. Commencez par piétiner une surface de 0,5 m^2 devant le chien avant de tracer une piste. Cette piste devra être tracée par votre assistant: celui-ci marchera en ligne droite sur une distance de 45 à 50 m, puis tournera à droite ou à gauche pour se cacher.

L'animal, qui portera son harnais et sa laisse, aura observé l'assistant tout en restant à vos pieds. Ordonnez-lui ensuite: «va, cherche». Vous suivrez, en marchant, la piste tracée par votre assistant. Répétez cet exercice pendant plusieurs jours mais en changeant d'assistant (qui sera toujours une personne que votre élève connaît bien et qui lui est sympathique).

Apprenez ensuite à votre chien à chercher votre assistant, mais sans qu'il ait pu le voir, en vous servant de ses vêtements. Avant de commencer l'exercice, inspectez bien le parcours en y laissant des repères. Demandez à votre assistant de se cacher environ un quart d'heure avant que vous n'arriviez sur les lieux. Emmenez votre chien à environ 50 m de sa cachette. Emportez avec vous un des vêtements de votre assistant comme une chaussure ou une chaussette (choisissez toujours un vêtement à l'odeur forte) et faites-le flairer par votre Westie durant plusieurs minutes. Ordonnez alors: «va, cherche» en montrant le sol avec votre doigt.

Continuez cette leçon, une fois l'exercice précédent réussi, avec un autre collaborateur et des objets différents. Les découvertes de personnes cachées devront être bien récompensées, mais n'oubliez pas que cette récompense ne doit venir que de vous; votre Westie ne doit jamais rien accepter de personnes étrangères.

Exercice: refuser les aliments donnés par un étranger ou trouvés

L'ordre: «pfft».

La méthode la plus employée par les délinquants pour se soustraire au courroux d'un chien de garde est de lui offrir un appât empoisonné afin de se débarrasser de lui. Vous devez donc apprendre à votre Westie à refuser toute nourriture qui pourrait lui être donnée par un inconnu. Vous aurez besoin de toute votre patience parce que le chien est insatiable quand on lui offre un aliment qu'il aime; il mangera la nourriture, qu'il ait faim ou non.

Les repas du chien doivent avoir lieu à heure fixe, mais pendant le dressage nous vous conseillons de ne lui donner à manger que le soir afin de ne pas l'alourdir avant ses exercices. Pour mener à bien cet exercice, vous aurez besoin de l'aide de plusieurs de vos amis; choisissez des personnes que votre chien Westie et d'autres qu'il ne connaît pas du tout.

Faites jeûner l'animal une fois par semaine et, quand il est à jeun depuis la veille, amenez-le vers la piste où arrivera un assistant que votre chien connaît déjà. Bavardez et laissez votre ami caresser l'animal. Attachez le chien à un arbre et éloignez-vous pour vous cacher dans un coin d'où vous pourrez observer ce qui se passe. Votre ami s'approchera du chien, avec un journal enroulé, tout en veillant à laisser une distance de 20 cm entre lui et le chien en laisse. Il l'appellera par son nom et lui offrira un morceau de viande vieux de quelques jours. Mais juste au moment où le chien voudra prendre le morceau de viande dans sa gueule, votre assistant devra retirer sa main et donner un coup sec sur le museau et un autre coup sur les pattes avec le journal roulé. Il s'en ira ensuite rapidement. Sortez de votre cachette, dites au chien: «non» et, quand votre ami le frappera, dites-lui: «pfft». Votre ami, en partant, aura laissé tomber le morceau de viande près du chien; ramassez-le, montrez-le-lui et répétez: «non, pfft» tout en lançant la viande loin de vous.

À la leçon suivante, votre Westie ne devra pas connaître votre assistant. Bavardez avec ce dernier devant le chien. Votre ami sortira de sa poche un aliment qui ne sera pas de la viande, cette fois-ci. Comme dans l'exercice précédent, il offrira cet aliment au chien et le frappera de la même façon. Votre ami partira rapidement en faisant du bruit. Retenez votre chien tout en lui ordonnant: «aboie, aboie».

Par la suite, faites-lui répéter l'exercice en le laissant en liberté.

Exercice: ne pas sauter sur votre mobilier

Votre fauteuil favori ou celui d'un des membres de votre famille sera également le fauteuil favori de votre Westie. La raison en est que ce meuble garde les odeurs qui sont familières au chien, celles de son maître ou celles des autres membres de la famille qui est, en fait, également sa famille. Il est évident qu'il pensera avoir tout à fait le droit de s'y étendre ou de s'y asseoir comme les autres.

Comment s'y prendre pour le faire changer d'idée? La solution la plus simple pour lui faire perdre cette mauvaise habitude est de poser sur le fauteuil que votre Westie préfère un chiffon imprégné d'un liquide spécial que les chiens ne supportent pas. Il sautera sur le fauteuil, reniflera, fera demi-tour et ne recommencera plus jamais.

Vous pouvez aussi tenter de l'éduquer. Dès qu'il sautera sur un fauteuil, ordonnez-lui: «viens», comme vous le lui avez enseigné dans les leçons de dressage; il quittera immédiatement le fauteuil et viendra vous rejoindre. Parlez-lui très sévèrement. Après s'être fait gronder plusieurs fois, il ne remontera plus sur votre fauteuil favori... du moins en votre présence! Le problème sera évidemment de l'en éloigner définitivement.

Il existe une autre méthode: achetez quelques souricières, placez-les sur «son» fauteuil, puis recouvrez-les de quelques feuilles de journal. Dès que votre Westie sautera sur le fauteuil, une des souricières se fermera avec un bruit sec; effrayé, votre chien sautera du fauteuil; s'il essaie une seconde fois, une autre souricière claquera et votre compagnon aura compris la leçon.

Vous pouvez également le dresser à se rendre au lit quand vous le lui ordonnez: apprenez-lui le mot «lit» en le lui répétant d'une voix sourde et forte et en lui montrant sa couche; faites-le plusieurs fois jusqu'à ce qu'il comprenne. Ainsi vous pourrez toujours l'envoyer se coucher s'il occupe votre place...

Sous-estimation des capacités de votre Westie

Ayez confiance en votre Westie et, s'il lui est parfois difficile d'accomplir des exercices que vous lui imposez, ne le lui reprochez pas trop, agissez avec discernement et pensez à son amour-propre.

Surestimation des capacités de votre Westie

Ne poussez pas votre compagnon au-delà de ses limites. En observant attentivement votre Westie, vous connaîtrez à la fois ses qualités et ses défauts. Si certains exercices lui font horreur, ne le forcez pas à les faire: soyez patient, sinon vous pourriez provoquer des crises nerveuses qu'il vous serait difficile d'éliminer par la suite.

La fin du dressage

Maintenant que vous avez terminé cette éducation, vous serez sûrement d'accord avec nous pour dire qu'effectivement vous aviez devant vous un chien à l'état brut que vous avez dégrossi en lui apprenant tout ce qu'un apprenti doit savoir et qu'à la fin de l'apprentissage, il est réellement devenu votre compagnon; ne serait-ce pas plus juste pour notre Westie d'utiliser le terme «apprentissage» plutôt que «dressage»? Votre animal se considérera comme votre égal, trottinant à vos côtés, vous jetant de temps à autre un regard complice...

Le Westie vieillissant

Un jour, vous remarquerez que votre chien n'a plus guère d'intérêt pour la vie sexuelle; il deviendra moins alerte et, même s'il désire toujours participer à la vie de votre famille, ses réactions seront moins vives: il n'aura plus l'agilité ni l'énergie de sa jeunesse. Il tombera plus souvent malade et sera plus sujet aux rhumatismes. Le moment de sa «retraite» arrivé, vous devrez le garder chez vous et le soigner comme le «vétéran» qu'il sera devenu. Le vieux chien ressemble beaucoup à un bébé. Déjà, durant sa vie active, il avait un grand besoin d'affection; l'âge aidant, ce besoin ne fait que s'amplifier. Il deviendra un merveilleux chien de compagnie.

Il se pourrait qu'il ne puisse plus se mouvoir seul. Une solution à ce problème vient d'être découverte: un industriel français vient d'inventer le «Canis-mobile», une sorte de chariot monté sur roues, qui soutient le chien handicapé et permet également l'accès aux marches et aux trottoirs; avec cet équipement, votre compagnon retrouvera une grande part de son autonomie.

Les vétérinaires interrogés trouvent un grand avantage à ce procédé puisqu'il permet aux chiens d'avoir une digestion tout à fait normale, à l'encontre des chiens qui doivent se traîner à cause de leur paralysie, ce qui provoque des blocages d'estomac pénibles. L'industriel français M. Fradin précise que l'appareil ne corrige rien; il aide seulement le chien dans ses mouvements et lui permet de faire ses besoins seul. Vous n'aurez plus, à tout moment, à être au service de votre chien handicapé. Le «Canismobile» peut être employé en cas d'immobilisation temporaire, de paralysie des membres postérieurs ou de l'arrière-train, de hernie discale, etc.

Le fabricant peut, évidemment, construire ce chariot selon la taille du chien handicapé.

Soyez attentif à la santé déclinante de votre Westie et n'hésitez pas à vous rendre chez votre vétérinaire pour le faire examiner.

Il n'a plus que vous et votre famille comme environnement; vous aurez à cœur de lui consacrer encore plus de temps et d'attention que jamais. Vous continuerez à faire votre promenade avec lui, mais en marchant plus lentement, chaque mouvement lui étant désormais pénible. Il deviendra plus possessif envers son entourage; n'y voyez pas un travers mais une preuve d'amour, et acceptez qu'il soit parfois irritable: c'est l'âge...

La chaleur de son regard et sa gentillesse vous dédommageront des efforts que vous faites pour rendre ses dernières années aussi agréables que possible. (En général, un Westie vit de 11 à 15 ans.)

Il arrivera un jour où tous les médicaments seront impuissants à le garder en vie; il vous faudra alors prendre la grave décision de vous séparer de lui pour toujours. Ne vous en occupez pas vous-même, cela vous briserait le cœur; demandez à votre vétérinaire d'agir. À l'aide d'une injection de Penthotal ou de Nembutal, il fera entrer votre Westie dans un sommeil profond qui le fera passer au néant sans souffrance. Nous ne pouvons vous conseiller d'assister ou non à l'opération; cela dépend de votre sensibilité, de votre lien avec le chien, de votre désir de partager avec lui ses derniers instants...

Sa vie sociale

Votre Westie est un terrier et il ne faut pas l'oublier même s'il a cessé d'exercer depuis longtemps ses «fonctions professionnelles» pour devenir un chien de compagnie des plus demandés.

Le terrier est un chien courageux, vif, très fier et franc du collier. Vous ne l'avez peut-être choisi que pour sa beauté, mais sachez que ce chien a aussi bon caractère et qu'il n'est ni bagarreur ni hypernerveux.

Si vous souhaitez que le Westie devienne votre ami, votre confident et votre compagnon de tous les jours, vous devrez le dresser d'une main ferme. Une fois qu'il aura bien assimilé ses leçons de dressage, il sera obéissant comme pas un: vous récolterez au centuple ce que vous aurez investi en efforts et en patience. Il vous apportera tendresse, compréhension et joie de vivre en plus de vous réconforter pendant les mauvais jours.

Votre Westie, malgré sa petite taille, est un chien dominateur qui aura besoin d'un territoire bien délimité. Ce territoire, c'est évidemment la maison de son maître, dont il voudra exclure tout autre animal. Seuls les animaux qui seront élevés dans la maison en même temps que lui bénéficieront de son indulgence... et encore!

Selon M. Rémy Chauvin, quand il y a maladie et que le vétérinaire est appelé à soigner chez le chien des troubles de comportement attribuables la plupart du temps au comportement des maîtres, une étude devra être faite aussi minutieuse que possible, des privilèges accordés au chien, comme l'accès à la nourriture, la possibilité et la permission d'entrer dans la maison, d'y dormir, etc.

Bien des choses ont changé, quant aux raisons qui poussent quelqu'un à devenir le maître d'un chien; si, il n'y a pas très longtemps, le but était de faire travailler son chien, soit comme chasseur, soit uniquement comme gardien, ce qu'on désire aujourd'hui, c'est qu'il fasse partie intégrante de la famille et qu'il vive en permanence au foyer. Souvent il est le premier compagnon du nouveau couple, bien avant la venue d'un bébé, ce qui peut provoquer des problèmes dont nous parlerons plus loin. Il assistera donc à l'arrivée du nouveau membre de la famille et participera, lorsque le bébé grandira, aux jeux de ce dernier. Devenu l'ami de tous à la maison, il partagera leurs joies et leurs peines.

Votre Westie est donc bien plus qu'un chien de compagnie: il s'intègre dans la société humaine. Nous assistons à une mutation sociale, à un phénomène qui révolutionne nos mœurs. La famille a un réel besoin du soutien affectif du chien et il est primordial que, par son comportement, l'animal puisse répondre à ce besoin. Conséquemment, ce serait dommage qu'il en soit empêché pour une raison quelconque comme la peur, l'agressivité ou une difficulté à s'adapter.

Nous vous l'avons déjà dit, occupez-vous de votre Westie, vous en avez tous deux besoin. Ne manquez pas la vigoureuse promenade quotidienne. Ne le laissez pas y aller seul, cela lui ferait de la peine. Courir sans vous, uniquement pour garder la forme, ne ferait pas son bonheur: ce n'est qu'avec vous qu'il se sent parfaitement heureux...

Entretenez convenablement sa belle fourrure blanche; consacrez quelques minutes par jour à sa toilette: il vous en sera reconnaissant. De temps en temps vous lui ferez (ou ferez faire) un toilettage complet.

Votre Westie saura vous faire comprendre quand il a un besoin irrésistible de jouer: si vous le voyez vous saluer en abaissant le haut du corps, l'arrière-train dressé, les pattes de devant toutes droites devant lui, et qu'il vous regarde de ses yeux perçants comme s'il voulait vous hypnotiser, le message est clair: et alors, on joue un peu?

Le Westie et les enfants

Après avoir discuté avec votre famille et écouté attentivement l'avis du conseiller canin, voilà que vous avez pris une grande décision: acheter un Westie!

Vous rentrez chez vous et, après lui avoir fait faire connaissance avec votre partenaire, vous passez aux enfants; voilà une tâche délicate qui exige beaucoup de doigté. Le chien est encore petit, et il vaut mieux prévenir vos héritiers que ses dimensions vont changer assez rapidement.

Nous vous l'avons déjà dit, la tâche est délicate, mais vous vous en sortirez certainement si vous mettez en œuvre toute la diplomatie dont vous êtes capable. Ne présentez pas votre compagnon aux enfants, mais faites le contraire: présentez les enfants au Westie, qui se rappellera fort bien le nom de chacun d'eux: ensuite seulement vous présenterez votre Westie aux enfants en leur disant son nom dont, remarquez-le, il se souviendra très bien. Vous lui ferez ensuite visiter toute la maison afin qu'il se sente chez lui.

Votre Westie aime jouer, comme vous le savez déjà, et il participera à tous les jeux que vos enfants proposeront: il apprend vite et finira, espiègle et intelligent comme il est, par être le meneur que vos enfants, émerveillés, suivront avec joie.

Vous expliquerez aux enfants que le nouveau venu n'est pas une boule de poils sur lesquels on peut tirer. Ouvrez-bien la gueule de votre Westie et montrez-leur les dents du chien qui peuvent faire mal en réponse à un mauvais traitement de leur part, comme tirer sur ses oreilles, qu'il a sensibles, comme tout autre chien, ou essayer de lui arracher des poils. La réaction de l'animal pourrait être vive. Dites-leur bien de ne pas lui faire de mal, en exagérant même un peu la réaction éventuelle du chien. Expliquez à vos tout-petits qu'il est malsain d'avaler les poils du chien.

Profitez des présentations pour apprendre aux enfants à respecter les animaux; cela leur servira certainement un jour dans la vie! Nous savons tous que la queue du chien n'est pas un cordon de sonnette sur lequel on peut tirer mais... le leur avez-vous appris?

Vous n'aurez aucun problème à introduire votre Westie au sein de la famille. Il acceptera de jouer avec les enfants, à la condition, bien sûr, qu'il ne soit pas brutalisé et que son amour-propre ne soit pas blessé; bien qu'il soit très petit et sans stature aucune, il peut rendre son regard glacial afin de se protéger de tout mauvais traitement.

Vous n'aurez pas de problème non plus quand vos enfants recevront leurs petits amis: le Westie n'est pas trop méfiant même s'il est réservé. Il recevra sans façon les copains de «ses frères et sœurs»... Il participera à leurs jeux tout en surveillant les visiteurs.

La venue d'un chien dans une famille peut être bénéfique. Des études menées en 1985 par le professeur Y. Agonski ont mis en lumière d'importantes modifications de comportement chez des enfants négligés ou maltraités par leur famille. Une fois confiés à des familles d'accueil où il y avait un chien, ces bambins de quatre ans amélioraient nettement la maîtrise et la régulation de leur comportement en apprenant à accomplir des tâches qui demandaient la collaboration du chien. Par l'entremise de ces interactions positives, ils prenaient conscience de leur capacité d'agir sur leur environnement, ce qui les amenait à accroître leur confiance en eux-mêmes. Ces effets bénéfiques ont également pu être observés chez des enfants dépressifs, psychotiques et mentalement déficients.

Les études entreprises depuis 1970 au Laboratoire de psychophysiologie de la faculté des sciences de Besançon (France) par le professeur Hubert Montagner montrent bien l'importance de la communication non verbale entre le chien et l'enfant. Cette forme de communication peut donner un sentiment de sécurité à un enfant perturbé, isolé ou même rejeté par ses frères et sœurs. Le comportement paisible du chien jouera un rôle capital dans le développement social de l'enfant.

Si vous avez des enfants qui aiment l'aventure, ils trouveront dans le Westie un compagnon à leur mesure. Mais celui-ci saura tempérer l'exubérance de ses compagnons de jeux. Il comprend fort bien que son maître ne désire pas d'éclat: à travail demandé, travail accompli... et vous pouvez dormir sur vos deux oreilles!

Que ferez-vous si la famille est sur le point de s'agrandir et que votre Westie est déjà bien installé dans la maison? La vie du chien sera bouleversée quand le bébé viendra prendre sa place dans la maisonnée. Vous devrez interdire certaines libertés au chien et vous aurez moins de temps pour vous en occuper.

Ces limitations ne devraient pas coïncider avec la naissance du bébé. Vous y penserez avant et habituerez votre Westie à prendre sa place de chien sans jamais le considérer comme l'enfant que vous n'avez pas encore. Si vous n'agissez pas ainsi, votre compagnon croira qu'on cesse de le dorloter comme un enfant gâté parce que le bébé prend sa place; l'animosité qui pourrait s'installer sera difficile à éliminer par la suite.

Avant l'arrivée du bébé à la maison, donnez au Westie une brassière portée par le nouveau-né afin que le chien se familiarise avec cette nouvelle odeur: ne changez pas votre façon de faire puisque vous aurez suivi nos conseils en lui assignant sa place de chien au sein de la famille. N'oubliez pas de caresser votre chien quand vous êtes avec votre bébé. Parlez-lui comme avant afin de ne pas réveiller la jalousie naturelle de votre Westie et pour éviter qu'une rivalité entre le chien et le bébé ne vienne ternir ces moments de joie pour vous tous.

Ce que l'enfant devra vaincre

Instinctivement, l'enfant a peur d'un animal, même s'il est petit comme le Westie, qui remue beaucoup. Expliquez à votre enfant que sa peur n'est pas justifiée et qu'il peut considérer ce chien comme l'un de ses meilleurs amis. Rassurez-le calmement, aussi longtemps que l'enfant aura un geste de recul devant votre compagnon. Enseignez également à l'enfant que le Westie est un être vivant et non un robot mécanisé qu'il peut soumettre à tous les caprices qui lui passe par la tête. Il vous sera facile de faire accepter par l'enfant que ce chien voudra toujours être «de la partie» et qu'il l'affirmera par ses jappements revendicateurs. L'enfant devra apprendre à ne pas soumettre le Westie à ses impulsions et à ne pas l'entraîner dans des aventures extravagantes.

Votre enfant devra vaincre également une compassion mal placée qui le pousserait à gaver son compagnon de sucreries. Expliquez-lui que cela gâterait les dents sensibles du Westie; comparez-les aux dents de l'enfant qui le feraient souffrir s'il croquait sans cesse des bonbons. Votre enfant comprendra et acceptera ce fait; mais surveillez néanmoins le niveau du sachet de bonbons, car votre Westie est bien capable de prendre un air pitoyable et malheureux pour se faire offrir par l'enfant la friandise défendue.

Le Westie étant un chien dominateur malgré sa petite taille, il faudra faire comprendre à votre enfant qu'il ne doit pas le contraindre à agir contre son gré; inutile pour l'enfant d'insister, c'est le Westie qui a raison. Votre enfant apprendra ainsi l'art du compromis.

Ce que l'enfant devra accepter

L'enfant devra comprendre, sans pour autant développer un complexe de supériorité, que sa position sociale est supérieure à celle de son compagnon; l'explication sera délicate et difficile, mais vous y arriverez à force de patience.

Comment enseigner à un enfant à bien se conduire avec un Westie

Une des meilleures méthodes sera de faire participer l'enfant au dressage et de lui enseigner les ordres simples que le Westie pourra accepter de lui; ils apprendront ainsi à se respecter mutuellement. Votre enfant a besoin d'affection, votre Westie aussi: ils peuvent s'en donner en se faisant guider par les parents ou les maîtres.

Si vous allez faire une promenade avec votre Westie, emmenez votre enfant et profitez-en pour lui rappeler ce qu'il a appris en assistant au dressage du chien, afin qu'il ne donne pas d'ordres inconsidérés, qui ne seraient d'ailleurs suivis d'aucun effet, le Westie sachant faire la différence entre un ordre judicieux et un ordre arbitraire.

Votre enfant devra apprendre à être doux avec le chien; ne fait-il pas partie de la famille lui aussi? Faites-lui remarquer comment le Westie est heureux d'être traité gentiment et avec délicatesse. Ces rudiments de dressage lui seront profitables et vous remarquerez qu'il apprend beaucoup de choses sur lui-même en vivant près du Westie.

Le Westie et les amis

Votre petit animal ne sera pas méfiant mais plutôt réservé avec vos amis; ceux-ci sauront-ils préserver son amour-propre et sa dignité? Sitôt passé les premiers instants, après que vos invités lui auront été présentés, il se calmera et saura bien se conduire. N'ayez crainte, quand vos amis reviendront il les recevra chaleureusement comme s'il s'agissait de vieilles connaissances!

Le Westie et les autres animaux

N'oubliez pas que votre Westie est un terrier d'origine et que même s'il est devenu citadin, son instinct de chasse peut réapparaître soudainement si un chat traverse le jardin juste sous son nez. Veillez à ne pas encourager ce travers car vous pourriez avoir des désagréments avec vos voisins. Il est donc préférable de le tenir loin des membres de la gent féline, à moins que de les faire grandir ensemble.

Avec les autres chiens, il ne montre aucune peur, même envers des chiens de grande taille: il se sait grand «dans sa tête» et cela lui suffit pour tenir la dragée haute à tout autre chien... Le Westie n'est pas vindicatif et il n'a pas l'esprit de vengeance; il est bien trop intelligent pour se laisser aller à des sentiments si peu nobles...

La reproduction

Les loups, parce qu'ils vivent entre eux, parviennent à garder leur race pure. Par contre les chiens, et parmi eux le Westie, astreints à rencontrer d'autres races canines au gré de leurs promenades, doivent être surveillés de près.

Vous devrez surveiller très attentivement les reproducteurs directs et tenir compte de leur généalogie, afin d'assurer la perpétuation des caractéristiques anatomiques de la race et de rejeter les chiens qui présentent des défauts.

Il a souvent été affirmé qu'un premier accouplement avec un chien bâtard influence les mises bas suivantes et que la chienne mettra à nouveau bas des bâtards même si elle est accouplée par la suite avec un chien de race pure. Ce n'est pas exact: aucun fondement scientifique ne vient prouver cette assertion qui ne tient qu'à des croyances populaires.

Ce qui est vraiment problématique, c'est l'atavisme (l'hérédité éloignée). Il s'agit là d'une question à laquelle il est proprement impossible de répondre. En effet, même si l'on choisit très consciencieusement les reproducteurs, les chiots peuvent présenter des caractéristiques que l'on ne pouvait absolument pas prévoir. Ils peuvent n'avoir ni la même intelligence ni le même caractère que leurs parents sans qu'il soit possible d'en connaître les causes.

Il est donc nécessaire de bien connaître les antécédents d'un chien de race avant l'accouplement. On ne doit pas s'en tenir aux caractéristiques des parents, mais essayer de remonter de quelques générations. Prenez un maximum de précautions tout en sachant que vous pourriez quand même avoir des surprises.

Par ailleurs, méfiez-vous d'une consanguinité excessive qui pourrait donner lieu à des phénomènes de dégénérescence.

En résumé, sachez qu'il serait dommage, sous prétexte qu'elle satisfasse ses instincts naturels, de laisser votre Westie femelle produire une nouvelle génération dans n'importe quelles conditions.

La présentation

La chienne a ses premières chaleurs entre 8 et 12 mois et elle atteint son aspect définitif d'adulte à environ 10 mois. Mais il n'est pas bon de la laisser avoir une portée à cet âge, la consolidation de son squelette n'étant pas terminée. Il vaut mieux attendre ses deuxièmes chaleurs ou même ses troisièmes pour la «présenter» à un mâle.

Ses chaleurs reviennent, en général, tous les six mois. Ces périodes peuvent varier légèrement selon chaque chienne. Lorsque la vôtre sera en chaleur, elle deviendra nerveuse, boira plus que de coutume et perdra l'appétit; ses organes génitaux sécréteront un liquide un rien sanguinolant, à l'odeur très particulière qui mettra le mâle à l'affût.

Certaines Westies femelles peuvent refuser de s'accoupler avec un mâle. D'autres auront des préférences et peut-être même des exclusivités pour un certain mâle, qu'il soit de race ou bâtard. Dans ce cas, il faudra faire exciter la chienne par le prétendant qu'*elle* aura choisi, avec toutes les précautions nécessaires pour éviter une saillie, et lui présenter aussitôt le mâle que *vous* aurez choisi pour elle en fonction de ses qualités. En général, la femelle tolère la présence du mâle une dizaine de jours après les premiers symptômes des chaleurs.

L'accouplement devra avoir lieu dans un endroit tranquille, dans l'intimité. Laissez faire la nature si l'accouplement se prolonge, n'essayez pas de les séparer; vous pourriez provoquer une déchirure du vagin.

Dès que votre Westie femelle est fécondée, ses chaleurs s'arrêtent. Si celles-ci se prolongeaient plus de deux jours après l'accouplement, essayez une deuxième saillie. Il est conseillé, si vous ne désirez pas que votre chienne soit fécondée, de lui administrer un contraceptif afin d'empêcher l'ovulation ou d'éviter les chaleurs. Demandez conseil à votre vétérinaire.

La période des chaleurs est assez longue, et vous devrez veiller à ce que la femelle ne s'accouple pas avec n'importe quel mâle. Il pourrait y avoir une fécondation supplémentaire, et votre chienne vous doterait d'une portée hétérogène si les pères n'étaient pas tous de la même race.

Si votre Westie s'est accouplée avec un mâle «douteux», vous pouvez éviter la fécondation en lui injectant dans le vagin de l'eau vinaigrée à raison de 25 ml de vinaigre pur par litre d'eau.

Le sort peut faire que votre chienne soit totalement indocile: il deviendra alors nécessaire de pratiquer l'insémination artificielle. Ce procédé très simple peut être pratiqué par votre vétérinaire et il se solde, en général, par une réussite complète.

La gestation

Si tout s'est déroulé normalement lors de la «présentation», il ne vous reste plus qu'à attendre, en laissant faire la nature. Sauf complications exceptionnelles, la grossesse suivra son cours normal. Elle dure de 62 à 64 jours, soit environ 9 semaines.

La grossesse pourrait s'interrompre entre le cinquante-huitième et le soixante-cinquième jour selon l'âge de la mère, son mode de vie, sa santé et le nombre de chiots de sa portée. La maternité est une période particulière dans la vie du Westie femelle. Les premiers symptômes se manifesteront de quatre à cinq semaines après l'accouplement. Avant cette période, il est difficile d'établir s'il y a eu fécondation.

Mais si vous observez bien votre chienne, il y a des signes qui ne trompent pas. Elle commencera par se désintéresser de sa nourriture: elle manquera d'appétit. Elle aura des nausées suivies de vomissements. Son comportement sera instable. La nuit, elle rêvera ou fera des cauchemars qui la feront gémir comme si elle appréhendait quelque chose, comme si elle avait peur. Sa façon d'agir, ses manières se transformeront de façon de plus en plus évidente à mesure qu'elle avancera dans sa grossesse.

Si vous désirez absolument savoir si votre chienne a été fécondée, procédez à un test chimique qui a pour but de vérifier le fonctionnement hormonal, semblable à celui de Friedman sur les lapines. Mais même si le résultat est positif, rien n'est encore certain, car il peut s'agir d'un cas de grossesse nerveuse.

Votre bon sens vous fera comprendre ce que la chienne doit ou ne doit pas faire pendant son état gravide. Évitez de la fatiguer et faites cesser tous les exercices violents auxquels elle était habituée. Plus de sauts, plus de courses excessives, mais ne négligez pas les promenades quotidiennes qui maintiendront la chienne en forme sans pour autant la fatiguer ni la surmener. Ces promenades sont essentielles pour votre Westie femelle.

Au fur et à mesure que les fœtus se développeront, la chienne grossira et deviendra paresseuse; elle sera fatiguée et voudra s'étendre de plus en plus souvent. Ne la dérangez pas, laissez-la faire, mais n'oubliez pas ses promenades. Vous observerez un affaissement de la région lombaire et un développement tout à fait normal des mamelles. Son ventre grossira progressivement. Votre chienne aura besoin de votre affection, de votre attention soutenue et de votre compréhension; soyez patient avec elle et fermez les yeux si elle est désobéissante. Pas de sévérité mais de la gentillesse, et, surtout, ne la laissez pas trop longtemps seule: elle a besoin de se sentir entourée des «siens». Veillez avec encore plus d'attention à sa propreté. Prenez garde aux parasites comme les poux. Pendant l'hiver, sortez-la le moins longtemps possible et protégez-la au maximum, à l'intérieur de la maison, du froid et de l'humidité.

Occupez-vous d'elle mais dans les limites du raisonnable: il ne faut pas faire d'elle une chienne trop gâtée alors qu'elle peut très bien surmonter certaines difficultés. N'oubliez pas que la nature a fourni à votre chienne tous les moyens pour mener sa grossesse à terme sans grands problèmes. Soyez présent, mais ne soyez pas trop faible avec elle; aidez-la, mais laissez faire la nature.

Pendant la gestation, il faudra faire très attention à son alimentation. Les aliments devront être plus riches pour répondre à ses besoins. Augmentez le nombre de ses repas tout en réduisant leurs quantités. Les deux repas traditionnels que l'on donne normalement à un Westie ne sont plus de mise. Un repas trop copieux pourrait peser sur ses flancs qui sont déjà alourdis par le gonflement des mamelles et par la présence des fœtus. Augmentez la quantité de lait jusqu'à 1 litre par jour. Donnez-lui du lait entier. Son régime devra être composé de riz, de légumes verts et de viande fraîche; ajoutez, une fois par semaine, un œuf entier et deux jaunes. Trois ou quatre repas quotidiens remplaceront donc les deux repas habituels. Vous les compléterez avec de la farine lactée, de la poudre d'os, du calcium et du phosphore.

Vous veillerez à ce que l'eau de son écuelle soit changée souvent et soit toujours propre. Cette eau ne devra jamais être trop froide ni trop chaude; la chienne appréciera l'eau propre et tiède.

Vous pouvez provoquer des difficultés lors de la mise bas si vous lui donnez une alimentation trop grasse et trop copieuse. Ajoutez à son régime des substances destinées à fortifier les os des chiots et à raffermir ceux de la mère. Si votre femelle montre un manque d'appétit insistant, adressez-vous sans tarder à votre vétérinaire; il vous indiquera ce qu'il y a lieu de faire.

Vous remarquerez, au fur et à mesure de l'évolution de sa grossesse, que votre chienne ne voudra plus être dérangée par des inconnus ou d'autres chiens.

Une quinzaine de jours avant la fin de la gestation, vous devrez trouver un endroit où elle mettra bas. Préparez-lui sa couche. N'attendez pas trop; habituez la chienne à sa nouvelle demeure. Elle n'en cherchera pas une autre, si vous vous y prenez à temps. Habituez-la à y prendre ses repas; qu'elle s'y repose, le jour et la nuit. Veillez à ce que cet endroit soit tranquille et pas trop clair. La couche doit être légèrement surélevée afin de faciliter l'écoulement des liquides. Un simple panier à chien fera fort bien l'affaire.

Emmenez votre chienne plusieurs fois chez le vétérinaire de manière à faire vérifier son poids, son état de santé et ses besoins en vitamines et en calcium.

La naissance

Tout à la fin de la grossesse, les mamelles gonflées de votre chienne sécréteront un liquide semblable à du lait, le *colostrum.* Elle deviendra inquiète et préférera rester seule. La tranquillité et le silence lui seront nécessaires et bénéfiques. Les visites d'amis devront être évitées et la «future maman» ne devra pas s'apercevoir de votre surveillance. Ne vous approchez pas trop d'elle.

Surveillez le déroulement de l'opération et, en cas de complications, n'hésitez pas à appeler immédiatement votre vétérinaire. Lui seul a la compétence voulue pour apporter les solutions appropriées.

La première mise bas est, en général, plus délicate que les suivantes. Il arrive parfois, et surtout la première fois, que votre chienne oublie ou néglige de couper le cordon ombilical avec ses dents. Si tel est le cas, vous devrez alors intervenir en le coupant avec des ciseaux stérilisés, le plus près possible du ventre, après l'avoir lié avec un fil de soie pour éviter que le chiot ne soit victime d'une hémorragie.

Comme vous avez pu le constater, votre présence est nécessaire pendant la mise bas de la chienne, même si vous laissez faire la nature. Ne l'énervez surtout pas et ne la dérangez uniquement qu'en cas de besoin réel.

Lorsqu'elle aura mis bas, laissez votre chienne se reposer et faire la toilette complète des chiots. En hiver, pensez à chauffer «son coin» afin qu'il soit bien confortable pour elle et les chiots. Laissez-la se reposer une journée auprès de ses petits, puis faites-lui reprendre progressivement son rythme de vie antérieur. Commencez par l'emmener en promenade afin qu'elle fasse travailler ses muscles.

Les chiots

Lors de la première mise bas, la portée est de un à quatre chiots. Les petits chiens naissent aveugles, les yeux fermés. Vous devrez attendre une dizaine de jours avant qu'ils ne soulèvent les paupières.

Vous devrez malheureusement sacrifier certains des chiots. À la première mise bas, la mère ne pourra en effet s'occuper que de trois petits. Éloignez définitivement de la mère les chiots les moins bien formés et ceux qui ont l'air apathiques. Ce sacrifice, bien que très difficile, est absolument nécessaire pour la santé de la mère et pour la qualité de la portée. Lors d'une prochaine mise bas, peut-être pourrez-vous garder toute la portée. Mais là encore, ne gardez pas les chiots manifestement mal formés; éliminez-les immédiatement.

Pratiquer l'euthanasie vous sera probablement pénible: demandez plutôt au vétérinaire de s'en occuper. La meilleure façon demeure l'injection d'un anesthésique très puissant; ainsi, l'intervention sera rapide et indolore. Ne choisissez pas la noyade, il s'agit là d'une méthode cruelle et sauvage.

Vous devrez retirer les chiots sacrifiés pendant que la mère fera sa promenade.

La chienne s'occupera elle-même de ses petits, mais soyez toujours aux aguets, prêt à intervenir pour l'aider, surtout s'il s'agit d'une première portée.

L'allaitement

Les chiots trouveront d'instinct les mamelles, très saillantes, sous le ventre de leur mère. Seul le lait maternel convient aux besoins nutritifs des bébés chiens. Le colostrum purgera les chiots et leur transmettra les anticorps naturels de leur mère, ce qui les protégera contre les maladies des «premiers jours».

Le colostrum est indispensable aux chiots: les statistiques révèlent qu'environ 85 p. 100 des nouveau-nés qui n'ont pas, pour une raison quelconque, reçu de colostrum meurent rapidement.

Il se pourrait que la chienne soit intolérante avec ses petits, ce qui pourrait nuire à leur croissance. Dans ce cas, consultez votre vétérinaire qui prescrira de légers calmants, cette intolérance étant due à une hypernervosité. Si l'intolérance dégénère en aversion déclarée, vous devrez alimenter les chiots artificiellement. Ce n'est que dans ce cas, ou dans celui, bien sûr, d'une mauvaise lactation, que vous pouvez alimenter les chiots. Ce n'est pas facile, et rien ne dit que vous y parviendrez. Vous devrez préparer un lait ressemblant au lait maternel, sinon, désorientés, les bébés le refuseront. Le poids du petit double normalement en moins de 10 jours, preuve de la richesse du lait maternel. Faites-vous conseiller par votre vétérinaire. Il vous indiquera peut-être une préparation que vous trouverez toute faite sur le marché ou qu'il composera lui-même. Quoi qu'il décide, suivez ses directives.

Le sevrage

La période de sevrage se déroule progressivement. Elle correspond à peu près à la fin de l'allaitement, qui devient de plus en plus douloureux parce que les bébés commencent à avoir leurs dents de lait. La mère devient impatiente quand les petits viennent se nourrir. Elle commence à les éduquer elle-même en leur présentant sa propre nourriture, que les chiots essaient de laper.

Cette période est psychiquement difficile pour les chiots: ils commencent le dur apprentissage de la séparation d'avec la mère. Ce passage à la vie adulte devra se faire dans les meilleures conditions possible. Le sevrage complet se fait entre l'âge de deux mois et demi et trois mois.

Trouvez le moyen de séparer les chiots de la mère pendant une partie de la journée afin que leur instinct de téter diminue. Si les petits rencontrent la mère uniquement aux repas, cela leur permettra de prendre des habitudes bien réglées.

Offrez aux chiots des jouets non toxiques pour qu'ils puissent mordre dedans. Commencez par leur donner de la viande hachée (cuite de préférence) afin qu'ils s'habituent à manger des aliments solides. Ne leur donnez surtout pas de lait de vache. Certains petits Westies ont tendance à se gaver; ne les laissez pas faire; la digestion à cet âge est encore délicate; vous leur épargnerez ainsi des ennuis gastriques.

N'oubliez pas de les garder bien au chaud. Il ne faudrait surtout pas qu'ils prennent froid; évitez de les placer ou de les laisser dans des endroits où il y a des courants d'air.

Le pense-bête

Votre Westie voudra participer à toutes vos activités. La télévision même l'intéressera... surtout si on y parle de chiens.

Le carnet de santé

Il est indispensable de tenir à jour le carnet de santé de votre Westie. Ce carnet vous est généralement remis par votre vétérinaire ou par l'éleveur, si c'est lui qui s'est occupé de la vaccination.

Que devez-vous y inscrire? Les dates et les événements importants de la vie de votre chien:

- Le nom, la date de naissance et les signes particuliers du chien.
- Le nom de ses parents, sans oublier les nom, adresse et numéro de téléphone de l'éleveur qui vous l'a vendu.
- Les dates où il a reçu des vermifuges et le nom des produits administrés.
- La date des vaccinations.
- La date des rappels.
- La date des maladies et le nom des médicaments reçus.
- La date du début et de la fin du dressage.
- Les dates des saillies, des mises bas et de l'allaitement, etc.
- Tout événement qu'il vous semble important de consigner.

La trousse d'urgence

Il est très important d'avoir toujours sous la main une trousse d'urgence que vous devrez garder bien fermée. N'oubliez pas de l'emporter lorsque vous emmenez votre chien en voyage.

Sitôt un médicament employé, il faudra immédiatement le remplacer afin que la trousse soit toujours complète.

Cette trousse d'urgence devrait contenir:

- Un thermomètre anal et un lubrifiant.
- Du sparadrap et de la gaze pour les bandages.
- Un médicament contre les brûlures qui vous aura été prescrit par votre vétérinaire.
- De l'acide borique ou du collyre pour les bains oculaires.
- Un laxatif assez léger comme le lait de magnésie.
- Du kaopectate contre la diarrhée.
- Des sels d'ammoniac pour le traitement des chocs.
- De la poudre de moutarde ou du sel de table comme émétique.
- Du charbon de bois actif comme contrepoison (mais, en cas d'empoisonnement, appelez aussitôt que possible un vétérinaire).

Le voyage

Vous planifiez un voyage, et vous voilà en train de discuter avec vos proches au sujet des difficultés liées à la présence de votre Westie. Vous vous trouvez devant plusieurs possibilités: la première serait de le laisser sur place, et vous auriez alors à décider entre le laisser à la maison, le confier à des amis ou le mettre en pension; la deuxième possibilité serait de l'emmener avec vous, et vous auriez à choisir le moyen de transport: la voiture, le train, l'autobus, le bateau ou l'avion.

Quelle que soit votre décision, sachez qu'il est préférable de le laisser à la maison sous la garde d'amis: nous vous rappelons qu'il vaut mieux que ce soient des gens qu'il connaît parfaitement. Si vous décidez de le mettre en pension, il vaut mieux que ce ne soit que pour quelques jours et après que vous lui aurez fait connaître les lieux et les propriétaires avec lesquels il sera en contact tous les jours.

Vous le laissez à la maison

La personne qui viendra s'occuper de votre Westie devra être quelqu'un que votre chien connaît très bien.

Elle devra, évidemment, dormir chez vous. Mais il ne faudra pas s'étonner si votre chien, se croyant abandonné par son maître, montre sa mauvaise humeur en se soulageant un peu partout dans la maison au lieu de faire ses besoins là où il en a l'habitude. Vous devrez prendre cette décision en tenant compte du caractère de l'animal et de ses relations avec la personne qui viendra s'occuper de lui.

Vous le laissez chez des amis

Dans ce cas également, il faudra que l'animal connaisse parfaitement bien les personnes qui vont l'héberger. Vous devrez apporter dans sa demeure provisoire des objets qui ont gardé vos odeurs, qui lui sont familières, ainsi que ses jouets préférés. Il serait bon de l'y emmener «en visite» plusieurs fois avant de l'y laisser. Quoi qu'il en soit, que vous le laissiez à la maison ou chez des amis, il est recommandé que ce ne soit pas pour une trop longue période: votre Westie vous en voudrait. Prévenez vos amis que le chien pourrait faire ses besoins un peu partout pour montrer qu'il n'aime pas être éloigné de son maître.

Vous le mettez en pension

Visitez plusieurs pensions avant de prendre une décision. Assurez-vous que les animaux n'y soient pas trop nombreux. Visitez les locaux afin de vérifier s'ils sont propres. Observez le travail du personnel. Vérifiez la qualité de la nourriture. Le prix est également à considérer, mais vous devez tenir compte du fait que ce ne sont pas toujours les pensions les plus coûteuses qui sont les meilleures. Renseignez-vous auprès de la direction pour savoir si les visites d'un vétérinaire sont prévues. Demandez à des amis qui ont aussi un chien quelles ont été leurs bonnes et mauvaises expériences.

Avant de vous décider, consultez, en dernier ressort, votre vétérinaire attitré; d'ailleurs, s'il habite hors de la ville, il pourrait peut-être vous proposer d'héberger votre Westie. Vous aurez à présenter le carnet de vaccination, qui devra être à jour, et ce dans quelque pension que ce soit. Pour votre tranquillité, faites passer un examen général à votre animal chez votre vétérinaire avant de le mettre en pension. Assurez-le et, s'il ne l'est pas déjà, faites-le tatouer: il pourra ainsi toujours être identifié s'il s'échappe ou se perd.

Vous l'emmenez avec vous

C'est décidé, il vous accompagne. Vous voyagerez en voiture, en train, en autobus, en bateau ou en avion.

En voiture

Votre chien devra voyager à l'arrière de la voiture et être isolé par un filet ou un grillage.

Ne l'enfermez jamais dans le coffre de la voiture, il en souffrirait, autant physiquement que moralement. Si vous emmenez un chiot, il se pourrait qu'il soit sujet à des vomissements. Ne le laissez pas voyager le ventre plein; faites en sorte qu'il ait bien digéré au moment du départ. Il est également préférable de ne pas lui donner à boire avant de partir.

Si votre animal est sujet au mal des transports, vous pouvez lui donner un médicament une demi-heure avant le départ. Consultez votre vétérinaire à cet effet.

Le chien aime passer la tête par la vitre; ne le laissez pas faire: il risque une conjonctivite.

Vous devrez vous arrêter souvent pour qu'il puisse faire ses besoins et se dégourdir les jambes. Arrêtez-vous à l'écart de la route afin qu'il puisse courir sans danger. Si vous laissez votre Westie dans la voiture, stationnez-la à l'ombre et laissez les vitres entrouvertes.

En train

Votre Westie n'a pas le droit de vous accompagner dans votre compartiment. Il devra voyager dans la voiture à bagages. Vous devrez le mettre dans une cage ou, du moins, lui mettre une muselière et une laisse. Vous aurez un coupon spécial qui vous permettra, à tout moment, de lui rendre visite et de le nourrir. La compagnie de chemin de fer met à la disposition des animaux ce qu'il leur faut pour faire leurs besoins.

En autobus

Avant de partir en voyage, renseignez-vous bien pour savoir si la compagnie de transport accepte les chiens et dans quelles conditions.

En bateau

Mêmes dispositions qu'en autobus. Ayez toujours sur vous un certificat de bonne santé de votre animal. Il est préférable que ce certificat soit récent.

En avion

Pratiquement toutes les compagnies aériennes acceptent de transporter les animaux domestiques. Prenez-vous-y à temps, les places étant limitées. Les chiots peuvent parfois voyager en cabine avec leur maître, mais cela n'est pas une règle générale: renseignez-vous avant de partir. Généralement, le Westie doit voyager dans la soute de l'avion. Ne vous inquiétez pas, la soute est climatisée et pressurisée. Demandez à votre vétérinaire un cachet que vous administrerez au chien juste avant le départ afin qu'il reste calme et somnolent. Certains vétérinaires préfèrent donner une piqûre dont l'effet dure plus longtemps. Il est conseillé de libérer rapidement votre animal de la consigne à l'arrivée; son voyage n'aura pas été aussi confortable que le vôtre...

Les déplacements en ville

Dans le métro, à Montréal, vous n'êtes pas autorisé à voyager avec un chien; seuls les aveugles en ont le droit. Dans les autobus, les règlements sont plus souples: il est permis de voyager avec un chiot que vous pouvez tenir sur vos genoux, mais seuls les aveugles ont la permission d'être accompagnés d'un chien adulte.

Il n'existe pas de règlement spécifique à Montréal en ce qui concerne la prise en charge des chiens dans les taxis. La plupart des chauffeurs les acceptent... sauf ceux qui en ont peur!

À l'étranger

Les lois concernant le passage des frontières pour les animaux dépendent de la législation de chaque pays. Soyez en règle, sinon on pourrait vous en refuser l'accès.

Avant de partir, renseignez-vous auprès du consulat du pays où vous désirez vous rendre ou munissez-vous des brochures offertes dans les agences de voyages. Plusieurs pays, et plus particulièrement ceux du Commonwealth britannique, vous obligeront à mettre votre Westie en quarantaine dès l'arrivée; d'autres pays vous demanderont de présenter un certificat de vaccination antirabique ou de bonne santé, ou les deux.

Quelques exemples: les *États-Unis* ne vous demandent qu'un certificat de vaccination antirabique délivré plus de 30 jours et moins d'un an avant votre passage de la frontière; ils peuvent également imposer une visite sanitaire au port d'arrivée. Pour la *Grande-Bretagne,* les instructions sont sévères: le Westie doit être accompagné d'un certificat de vaccination antirabique et d'un certificat de bonne santé, et il sera mis en quarantaine pendant six mois. Il en va de même pour *l'Afrique du Sud, Gibraltar* et *Hong-Kong.* L'*Australie* refuse l'entrée à tout animal domestique. Pour la *France* et la *Belgique,* seul le certificat de vaccination antirabique est demandé. En *Italie,* les deux certificats sont exigés comme d'ailleurs en *Israël,* en *Argentine,* au *Brésil,* au *Danemark,* en *Égypte,* en *Espagne,* en *Grèce*, en *Hongrie,* au *Mexique* et en *Tunisie.* En *Allemagne fédérale,* on ne demande que le certificat de bonne santé.

Les lois n'étant pas immuables, nous vous conseillons de vous adresser au consulat du pays que vous visiterez quelques jours avant votre départ.

Votre Westie voyage seul

Vous avez seulement à présenter votre chien un bon moment avant le départ et surtout à vous assurer que la personne qui doit l'accueillir sera présente à l'arrivée. À toutes fins utiles, donnez l'adresse et le numéro de téléphone de cette personne au transporteur.

Petit lexique d'urgence

Il se pourrait que vous vous trouviez dans un pays non francophone et que vous ayez à demander des renseignements au sujet de votre compagnon. Voici quelques phrases indispensables:

Où habite le vétérinaire le plus proche?

Anglais:	Do you know where I can find a vet for my dog?
Espagnol:	¿Donde vive el veterinario más próximo?
Italien:	Dove abita il veterinario più vicino?
Allemand:	Wo kann ich am schnellsten einen Tierarzt finden?

Où se trouve la clinique vétérinaire la plus proche? C'est urgent

Anglais:	Where's the nearest veterinary surgery? It's an emergency?
Espagnol:	¿Donde hay una clínica para animales cerca de aqui? Es muy urgente.
Italien:	Dove si trova la clinica veterinaria più vicina? E urgente.
Allemand:	Wo finde ich die nächste Tierarztklinik? Es ist dringlich.

Y a-t-il une permanence vétérinaire la nuit? Le dimanche?

Anglais:	Is the veterinary surgery open all night and on Sundays?
Espagnol:	¿Está abierta permanentemente la clínica durante la noche y los domingos?
Italien:	C'è une permanenza veterinaria la notte? La domenica?
Allemand:	Gibt es dort einen Nachtdienst, einen Sonntagsdienst?

Cet hôtel, ce restaurant accepte-t-il les chiens? Y a-t-il des repas prévus pour eux?

Anglais: May I stay in this hotel, in this restaurant, with my dog? Do you feed dogs in this hotel? In this restaurant?

Espagnol: ¿Están autorizados los perros en este hotel, en este restaurante? ¿Hay comidas previstas para ellos?

Italien: Questo hotel, questo ristorante, accetta i cani? Sono previsti del pasti anche per loro?

Allemand: Sind Hunde in diesem Hotel, in diesem Restaurant erlaubt? Werden die Hunden auch dort gefüttert?

J'ai égaré mon chien. Où puis-je m'adresser pour le retrouver?

Anglais: I lost my dog. Where should I call to get him back?

Espagnol: He perdido mi perro. ¿Donde puedo dirigirme para encontrario?

Italien: Ho perso il mio cane. Dove posso rivolgermi?

Allemand: Ich habe meinen Hund verloren. Wo soll ich mich melden um ihn wiederzufinden?

Attention à mon chien, il n'aime pas qu'on le caresse

Anglais: Beware of my dog, he doesn't like being petted.

Espagnol: ¡Cuidado que ami perro no le gusta que ser acariciado!

Italien: Attenzione al mio cane, non gli piace essere accarezzato.

Allemand: Passen sie auf! Mein Hund mag es nicht wenn man ihn streichelt.

Venez-vous des aliments pour chien? Où puis-je en trouver?

Anglais: Do you sell pet food? Where can I find some?

Espagnol: ¿Venden ustedes alimentos para perros? ¿Donde puedo encontrar esos alimentos?

Italien: Vendete alimenti per cani? Dove posso trovarne?

Allemand: Führen Sie auch Futtermittel für Hunde, und wenn nicht, wo kann ich welche bekommen?

Le Westie sèmera la joie de vivre dans votre foyer.

Table des matières

DÉJÀ PARUS:

Vous et vos oiseaux de compagnie
Vous et vos poissons d'aquarium
Vous et votre Beagle
Vous et votre Beauceron
Vous et votre Berger allemand
Vous et votre Bernois
Vous et votre Bobtail
Vous et votre Boxer
Vous et votre Braque allemand
Vous et votre Briard
Vous et votre Bulldog
Vous et votre Bullmastiff
Vous et votre Caniche
Vous et votre chat de Chartreux
Vous et votre chat de gouttière
Vous et votre chat tigré
Vous et votre Chihuahua
Vous et votre Chow-chow
Vous et votre Cocker américain
Vous et votre Collie
Vous et votre Dalmatien
Vous et votre Danois
Vous et votre Doberman
Vous et votre Fox-terrier
Vous et votre furet
Vous et votre Golden Retriever
Vous et votre Husky
Vous et votre Labrador
Vous et votre Lévrier afghan
Vous et votre lézard
Vous et votre Lhassa apso
Vous et votre perroquet
Vous et votre Persan
Vous et votre petit rongeur
Vous et votre Rottweiler
Vous et votre Schnauzer
Vous et votre serpent
Vous et votre Setter anglais
Vous et votre Shih-tzu
Vous et votre Siamois
Vous et votre Teckel
Vous et votre Terre-Neuve
Vous et votre Tervueren
Vous et votre tortue
Vous et votre Yorkshire

À PARAÎTRE:

Vous et votre Bâtard
Vous et votre Cockatiel
Vous et votre Épagneul breton

Ce livre est imprimé sur
du papier contenant plus
de 50% de papier recyclé
dont 5% de fibres recyclées.

Achevé d'imprimer au Canada
Imprimerie Gagné Ltée Louiseville